时光网首页欣赏

时光网预告片栏目欣赏

迪斯尼中国网站

瑞丽网首页

时光网新闻栏目欣赏

时光网影评栏目欣赏

清华大学网站

三字结构布局

茶文化网站首页图

茶文化网站栏目效果图

茶史简介

茶树起源

茶字演变

历代名茶

茶的传播

您现在所在的位置：首页>茶树起源

　　滇南、滇西南的古生物地理气候是世界茶树起源的大温床，思茅是世界茶树起源与演化的中心地带，思茅及其周边（包括西双版纳等）近8万平方公里的地域内，分布着如此众多的原始野生型古茶树、古茶山及过渡型古茶树以及栽培型千年古茶园，是茶树进化变异最多的区域，景谷宽叶木兰化石的出土，为引证茶树起源中心增添了古植物依据。　古生物地理气候与山运动，茶树起源据云南地质史研究：大约在1.8亿年前，中生代侏罗纪云南就已是露出海面的陆地，濒临暖海，地貌起伏不大，当时还处于蕨类植物和裸子植物阶段，被子植物尚未出现。到1亿年前的中生代后期至7千万年前的新生代第三纪，许多被子植物开始在这里发生、滋长、演化，出现了花果，许多山茶科近缘植物也都在这里繁生，为茶树物种的孕育形成创造了条件。大约在5千万年前至2千5百万年第三纪中新世出现了喜马拉雅山造使青藏高原隆起，云南横断山脉出现，成为高原。

　　由于北半球发生了第四纪出现的四次冰山袭击，中纬度消灭了喜温喜热的第三纪区系，而云南的南部和西南部因未遭到冰山的袭击保留了许多第三纪遗存的植物如滇南木莲、树蕨、鸡毛松、苏铁、古莲等，起源于第三纪早期的山茶植物反而滋生演化、繁盛起来。世界山茶科植物共有23属，749种，而中国就有15属398种，占54.5%，并集中分布在云贵高原，尤以云南居多。其中山茶族种数共240个，我国就占有210个，占87.5%，在山茶族中，山茶属种共220个，我国有190个，云南就有55个，且独有种30个，以滇南、滇西南居多，茶树近缘植物之多，为世界之冠。　地理气候因素在生物进化历程中的作用是特别明显的，云南的古生物地理气候可以说是决定茶树起源、进化和分布的重要条件，茶树这一种族，在很早的地质年代就已独立演化发展了，云南（尤其是以思茅为中心的滇南、滇西南）具有孕育茶树滋生、繁衍和发展的独特的地理气候条件。这里由于地处低纬高原，横断山系，江河纵横，山岭交错，形成一山分四季，十里不同天的气候特点，总体上属南亚热带季风气候区域，冬无严寒，夏无酷热，雨量充沛，气候温和，干湿分明，少霜多雾，这一特定的地理位置、地势地貌和季风气候，为茶树的起源提供了特有的理想生态环境。

茶文化网站意见反馈效果图

首 页　|　茶品论道　|　茶风茶俗　|　茶史简介　|　意见反馈

如果您对网站有任何建议，意见或疑问，请完整填写一下表单。

您的姓名：　☐

Email地址：　☐

性别：　⊙ 男　○ 女

年龄：　21-40 ▼

兴趣爱好：　☐ 音乐　☐ 电影　☐ 旅游　☐ 上网　☐ 其它

意见或建议：

[提交]　　　[提交]

关于我们 || 产品目录 || 联系我们 || 友情链接 || 反馈问题 || 广告合作

◎ 咸阳师院信息工程学院

品茶论道栏目效果图

甜品屋实例

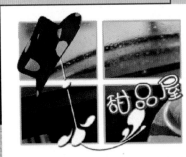

洛川苹果首页

洛川简介栏目

洛川县

洛川县位于中国陕西省中部，延安市南部。东经109°13′14″-109°45′47″，北纬35°26′29″-36°04′12″，总面积1886平方千米。总人口20万人，1990年人口17.61万，汉族为主。蒙、壮等多个少数民族。后秦姚苌建初八年（393）划郡是北部置洛川县，旧境内洛水得名，后几经迁移，县名沿用至今。

基本概况

现任领导

洛川苹果介绍栏目

洛川苹果

陕西洛川，人称"苹果之乡"。这里出产的苹果，素以色、香、味俱佳著称。它品质优良，果形优美，个大均匀，果面洁净，色泽艳丽，肉质脆密，含糖量高（高于外地苹果2%~3%），香甜可口，硬度适中，耐贮藏（在土窖洞中可存放至翌年4~5月）等优点而居全国同类苹果之冠，誉满四方，驰名中外。该县被列为全国苹果外销的重要生产基地之一，年销量数亿公斤。

分布

洛川苹果甲天下，洛川苹果集中产在渭北黄土高原，以洛川为中心的延安、铜川、渭南、咸阳诸市一带，果园分布，绵延千里。

品种

营养价值

洛川苹果节栏目

2011年中国·陕西（洛川）国际苹果节

洛川苹果销售栏目

蔬菜水果店网站首页

商店简介页面

匡字结构网页

国字结构网页

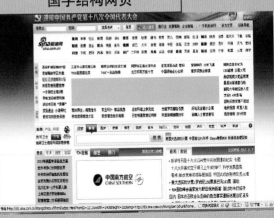

21世纪高等学校计算机教育实用规划教材

Dreamweaver CS6
网页设计与制作

刘敏娜　编著

清华大学出版社

北京

内 容 简 介

本书结合 HTML 语言和 CSS 技术介绍了 Dreamweaver CS6 中网页开发与设计的基本方法、操作技巧和实战案例,系统地讲解了网页设计的基本概念,网页规划、制作和网站建设的全过程。

本书分为上下两篇,上篇是基础篇,基础篇由网页设计基础、Dreamweaver、HTML 和 CSS 四部分组成;下篇是能力提高篇,能力提高篇由项目实训和网站开发建议组成。

本书可作为高等院校、大专院校网页设计课程的教材,还可作为网页设计爱好者的自学用书。

图书在版编目(CIP)数据

Dreamweaver CS6 网页设计与制作/刘敏娜编著.--北京:清华大学出版社,2013(2018.1重印)
21 世纪高等学校计算机教育实用规划教材
ISBN 978-7-302-32516-1

Ⅰ.①D… Ⅱ.①刘… Ⅲ.①网页制作工具 Ⅳ.①TP393.092

中国版本图书馆 CIP 数据核字(2013)第 108073 号

责任编辑:黄　芝　赵晓宁
封面设计:常雪影
责任校对:时翠兰
责任印制:沈　露

出版发行:清华大学出版社
　　　　　网　　　址:http://www.tup.com.cn,http://www.wqbook.com
　　　　　地　　　址:北京清华大学学研大厦 A 座　　　　　邮　　编:100084
　　　　　社 总 机:010-62770175　　　　　　　　　　　　邮　　购:010-62786544
　　　　　投稿与读者服务:010-62776969,c-service@tup.tsinghua.edu.cn
　　　　　质量反馈:010-62772015,zhiliang@tup.tsinghua.edu.cn
　　　　　课件下载:http://www.tup.com.cn,010-62795954
印 装 者:北京九州迅驰传媒文化有限公司
经　　销:全国新华书店
开　　本:185mm×260mm　　印　张:14.25　　彩　插:3　　字　　数:344 千字
版　　次:2013 年 9 月第 1 版　　　　　　　　　　　　　　印　　次:2018 年 1 月第 5 次印刷
印　　数:4401~4900
定　　价:35.00 元

产品编号:052940-02

出 版 说 明

　　随着我国高等教育规模的扩大以及产业结构调整的进一步完善,社会对高层次应用型人才的需求将更加迫切。各地高校紧密结合地方经济建设发展需要,科学运用市场调节机制,合理调整和配置教育资源,在改革和改造传统学科专业的基础上,加强工程型和应用型学科专业建设,积极设置主要面向地方支柱产业、高新技术产业、服务业的工程型和应用型学科专业,积极为地方经济建设输送各类应用型人才。各高校加大了使用信息科学等现代科学技术提升、改造传统学科专业的力度,从而实现传统学科专业向工程型和应用型学科专业的发展与转变。在发挥传统学科专业师资力量强、办学经验丰富、教学资源充裕等优势的同时,不断更新教学内容、改革课程体系,使工程型和应用型学科专业教育与经济建设相适应。计算机课程教学在从传统学科向工程型和应用型学科转变中起着至关重要的作用,工程型和应用型学科专业中的计算机课程设置、内容体系和教学手段及方法等也具有不同于传统学科的鲜明特点。

　　为了配合高校工程型和应用型学科专业的建设和发展,急需出版一批内容新、体系新、方法新、手段新的高水平计算机课程教材。目前,工程型和应用型学科专业计算机课程教材的建设工作仍滞后于教学改革的实践,如现有的计算机教材中有不少内容陈旧(依然用传统专业计算机教材代替工程型和应用型学科专业教材),重理论、轻实践,不能满足新的教学计划、课程设置的需要;一些课程的教材可供选择的品种太少;一些基础课的教材虽然品种较多,但低水平重复严重;有些教材内容庞杂,书越编越厚;专业课教材、教学辅助教材及教学参考书短缺,等等,都不利于学生能力的提高和素质的培养。为此,在教育部相关教学指导委员会专家的指导和建议下,清华大学出版社组织出版本系列教材,以满足工程型和应用型学科专业计算机课程教学的需要。本系列教材在规划过程中体现了如下一些基本原则和特点。

　　(1) 面向工程型与应用型学科专业,强调计算机在各专业中的应用。教材内容坚持基本理论适度,反映基本理论和原理的综合应用,强调实践和应用环节。

　　(2) 反映教学需要,促进教学发展。教材规划以新的工程型和应用型专业目录为依据。教材要适应多样化的教学需要,正确把握教学内容和课程体系的改革方向,在选择教材内容和编写体系时注意体现素质教育、创新能力与实践能力的培养,为学生知识、能力、素质协调发展创造条件。

　　(3) 实施精品战略,突出重点,保证质量。规划教材建设仍然把重点放在公共基础课和专业基础课的教材建设上;特别注意选择并安排一部分原来基础比较好的优秀教材或讲义修订再版,逐步形成精品教材;提倡并鼓励编写体现工程型和应用型专业教学内容和课程体系改革成果的教材。

（4）主张一纲多本，合理配套。基础课和专业基础课教材要配套，同一门课程可以有多本具有不同内容特点的教材。处理好教材统一性与多样化，基本教材与辅助教材，教学参考书，文字教材与软件教材的关系，实现教材系列资源配套。

（5）依靠专家，择优选用。在制订教材规划时要依靠各课程专家在调查研究本课程教材建设现状的基础上提出规划选题。在落实主编人选时，要引入竞争机制，通过申报、评审确定主编。书稿完成后要认真实行审稿程序，确保出书质量。

繁荣教材出版事业，提高教材质量的关键是教师。建立一支高水平的以老带新的教材编写队伍才能保证教材的编写质量和建设力度，希望有志于教材建设的教师能够加入到我们的编写队伍中来。

21 世纪高等学校计算机教育实用规划教材编委会
联系人：魏江江 weijj@tup.tsinghua.edu.cn

前　言

目前,市场上的网页设计教材非常繁多,但是这些教材中普遍存在一些问题:

(1) 过分强调软件工具的使用,忽略了如何利用这种软件制作高质量网站的能力的培养。

(2) 教材中的实例没有完整的分析过程,造成读者在学习中只能按部就班,照猫画虎,但不知道为什么要这样设计,所以当需要自己设计网站时往往无从下手。

(3) 技术比较落后。比如很多教材都将表格作为主要的布局工具,其实这种布局技术已经很少使用,这样造成读者学习到的都是淘汰的技术。

基于上述这些问题,我们希望能编写一套能真正提高读者设计和制作网站的能力的教材,使读者学有所得。

本教材将 CDIO(构思、设计、实现和运行)教育模式应用到网页设计课程学习中。CDIO 是由麻省理工学院等 4 所大学通过几年的研究、探索和实践之后建立的一种先进的工程教育模式。在本教材中引入工程教学模式的目的在于全面培养读者的网页设计技能,通过"做中学"的案例学习方法来提高读者的网页设计能力。

本教材的作者长期从事网页设计课程教学,在教学中积累了大量的经验,课余还主持了咸阳师范学院图书馆等多个网站的建设工作,网站运行良好,反响好。作者能将丰富的设计经验融入教材当中,能让读者在学技术的同时学到很多设计技巧。

教材的特色

(1) 按照"CDIO"工程模式大纲所强调的个人能力和综合能力培养要求,本教材中将网页设计知识分为基础知识和能力提高两个部分,基础知识强调个人必须掌握的操作能力,能力提高部分强调在具备一定的个人能力以外还应该培养的系统构建等能力。

(2) 教材中引入了多个网站案例,目的是提高读者的网站赏析能力,如在"茶品文化"项目中作了网站概要和详细设计,使读者知其所以然。

(3) 教材每章后面都配有大量的上机题,让读者在动手过程中灵活学习网页设计技术。

学习建议

本书由基础知识和能力提高两篇构成,基础知识篇由网页设计基础、Dreamweaver、HTML 和 CSS 4 部分组成。学习时可以按照章节顺序来学习,也可以穿插学习,如在学习第 2 章 Dreamweaver 基础知识时可以结合下篇的项目实例来学习。学习时应该注意赏析能力和设计能力的培养,能力提高了才有可能使用工具更好地完成网站的设计。

为了方便读者学习本教程,我们提供本书所涉及的项目的素材和电子教案,有需要的读者可以登录 http://www.tup.com.cn 下载。

虽然我们力求将本教材做得更好,但由于时间和编者的水平有限,教材中的错漏之处在所难免,所以殷切希望广大读者对教材提出宝贵的意见和建议。如果您有任何建议或意见,请及时与我们联系,E-mail 为 mminnaliu@163.com。

编　者

2013 年 7 月 20 日

目　　录

Ⅸ

上篇
基础知识篇

本篇主要学习网站建设的一些基础知识。学习了这些知识，读者可以尝试制作一个简单的网站。

各章知识简介：

第1章介绍有关网页设计的相关概念。

第2章使用 Dreamweaver CS6 制作网站。

第3章是介绍网页设计语言 HTML 的语法知识。

第4章通过 CSS 样式来对网页进行美化。

第1章　网页设计概述

本章介绍网页设计基础知识和基本概念,分析网页的基本组成元素及网页开发中使用的软件,说明网站的开发流程和制作原则。通过"时光网"介绍一个好的网站应该具备的要素。

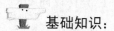 基础知识:

1.1　网页中的基本概念

1. WWW

WWW(World Wide Web,万维网)是基于"超文本"的信息查询和发布系统。它将Internet上众多的 Web 服务器提供的资源连接起来,组成一个海量的信息网,其中不仅有文本信息,还包含声音、图形、图像及动画等多种媒体信息,将这些信息在图形化的界面——网页中进行展示。

2. URL

URL(Uniform Resource Locator,统一资源定位)是 Internet 上标准资源的地址,用来描述网页及其他网络资源地址的一种标识方法。

URL 的一般书写格式是"访问协议://主机域名或 IP 地址〔:端口号〕/路径/文件名",如咸阳师范学院 URL 是 http://www.xysfxy.cn。

3. 网页和网站

网页是由多种媒体(如文字、声音和动画等)组成的页面,在页面上通过超链接技术跳转到其他网页。

网站是 Internet 上有内在关系的若干页面通过超链接所构成的网页的集合。通常把进入网站首先看到的网页称为首页。首页是网站的门面,是访问量最大的网页,默认的文件名是 index 或 default。在服务器上进行设置之后,当访问者在地址栏中输入网址后,直接可以进入网站的首页。

4. 浏览器

网页浏览器(Browser)是用来解释、显示服务器发来的超文本信息。常见的网页浏览器有 IE 浏览器、傲游浏览器(Maxthon Browser)和火狐浏览器(Firefox)。

5. HTML

HTML(Hypertext Markup Language,超文本标记语言)是网页的基本语言。这种语言利用标签来描述字体、大小、颜色及页面布局。HTML 文件必须使用 HTM 或 HTML 作为扩展名。

6. 静态网页和动态网页

静态网页是相对于动态网页而言,网页中没有后台数据库,不含程序,不可交互。静态网页的扩展名可以是 html、htm、shtml 或 xml。在静态网页中可以出现动态的效果,如 JavaScript、GIF 动画,这些动态效果只是视觉上的,不能与服务器进行交互。

服务器端运行的程序、网页和组件都是动态网页,其特点是会随着不同客户、不同时间返回不同的内容。这类网页以数据库技术为基础,借助于某种动态网站技术如 JSP 对数据库进行访问,动态生成网页。

1.2　网页浏览原理

(1) 用户启动浏览器,在地址栏中输入要访问的网站的 URL,通过 HTTP 协议向 URL 所在的服务器发起服务请求。

(2) 服务器根据浏览器发起的请求,把 URL 地址转换成网页所在服务器上的实际路径,在该路径下找到相应的网页文件。

(3) 如果此网页中仅包括 HTML 标记,服务器直接通过 HTTP 协议将文档发送到客户端;如果网页中还包括 JSP 程序、ASP 程序或其他动态网站程序,则服务器执行后将运行结果发送给客户端。

(4) 浏览器解释 HTML 文档,将结果显示在客户端浏览器上。

1.3　网页媒体组成

1. 文本

文本是网页的主体组成部分,主要用来传达网页中的信息。可以通过字体、字号和颜色等变化来美化网页格局,如图 1.1 所示。

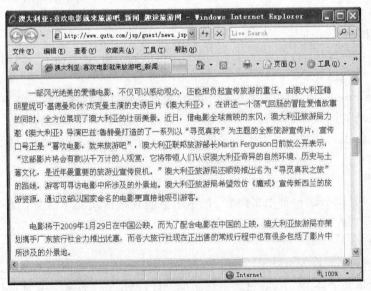

图 1.1　文字为主体的网页

补充：最适合网页正文显示的文字大小为 12 像素。导航条、标题或其他需要强调的地方可以使用 14 像素、18 像素等较大字体。文字的行距一般比例为 1：1.5，也就是当字号是 12 像素时，行距为 18 像素。字体的选择，尽量选择操作系统自带的字库，避免引入因为浏览者计算机上未安装的特殊字体而造成显示效果打折扣的问题。

2．图像

图像能吸引浏览者注意，表达信息比较直观，具有很强的视觉冲击。通常在网页中使用的图像主要是 GIF、JPEG 和 PNG 格式。图 1.2 所示是自驾游网页，通过图文并茂的方式说明自驾游的乐趣。

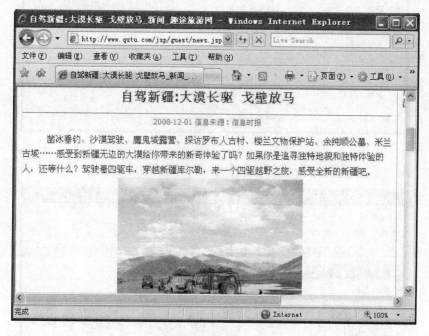

图 1.2　自驾游网页

3．声音和视频

声音是多媒体网页中的重要组成部分，引入声音可以使网页更加有声有色。在网页中，声音主要是以音乐、视频和动画的配音形式存在。在开发时尽量不要将声音文件作为背景音乐，那样会影响网页的下载速度。目前，支持网络的声音文件格式有 MIDI、WAV 和 MP3 等格式。

网页中也可以插入视频文件，使网页更加精彩。网页中常见的视频文件格式有 Realplay、MPEG 和 AVI 等。但是由于视频文件比较大，如果要在线播放，必须采用视频流媒体格式，可以一边下载一边播放。

图 1.3 是中视网音乐视听页面，可以提供在线音乐视听。

4．动画

动画的引入可以使网页更加生动，如图 1.4 所示。目前常用的动画制作软件是 Flash、ImageReady 等，使用较多的动画格式有 GIF 动画和 SWF 动画。

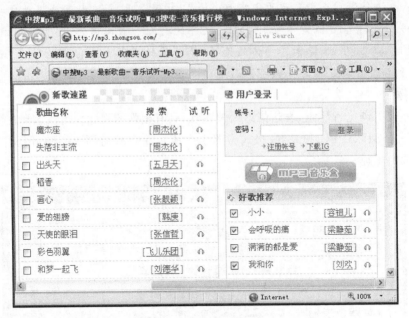

图 1.3   中视 MP3 视听页面

图 1.4   含 Flash 元素的页面

1.4   网页组成元素

常见的网页组成元素包括 5 种，分别是网页的 Logo、Banner、导航条、主体部分和版尾部分。

1. Logo

Logo(标志)是反映事物特征的记号,以图形或者文字符号为载体,除了标示一定的寓意以外,还具有表达意义、情感和指令动作等作用。网站的Logo是网站形象的重要体现,一个好的Logo能反映网站及制作者的某些信息。所以设计Logo时要尽量简洁生动,便于访问者记忆,同时要新颖独特,具有一定的个性,如图1.5和图1.6所示。

图1.5　SUV汽车网Logo　　　　　图1.6　当当网Logo

一个好的Logo应该具备下面的几个条件:

- 符合国际标准;
- 精美,独特;
- 与网站的整体风格一致;
- 能够体现网站的类型、内容和风格。

目前网站的Logo主要有三种规格,如表1.1所示。

表1.1　目前主流的网站Logo尺寸

编号	名　称	大　小	说　明
1	小型Logo	88px×31px	比较普遍的Logo规格
2	中型Logo	120px×60px	用于一般大小的Logo
3	大型Logo	120px×90px	用于大型Logo

2. Banner

在网页中,Banner(广告条)一般是放置在醒目的位置,吸引用户对于广告信息的关注,从而获得网络营销的效果。

Banner可以是动态的图像(如GIF动画或者Flash动画),也可以是静态的图像。Banner的尺寸有一定的约定,国际互联网广告局在2002年公布的Banner长度规范标准如表1.2所示。

表1.2　国际标准Banner尺寸

编号	名　称	Banner大小
1	摩天大楼型	120px×600px
2	中级长方形	300px×250px
3	正方形弹出	250px×250px
4	宽摩天大楼	160px×600px
5	大长方形	336px×280px
6	长方形	180px×150px
7	竖长方形	240px×400px

3. 导航条

导航条是帮助用户快速访问网站内容的工具。导航条分为横排导航条和竖排导航条,复杂的导航条还有二级级联菜单。设计导航条时应该注意,其中的项目应该分类合理,便于浏览者快速找到,同时导航条的位置应该醒目。图 1.7 展示了 360 影视网的导航条。

图 1.7　360 影视导航条

4. 主体部分

主体部分是网页中最重要的组成部分,其中包括网页中的主要信息。主体部分内容可以是纯文本信息,也可以是由文本、图像等元素构成的多媒体信息,如图 1.8 所示。

图 1.8　http://www.sccnn.com 主体区域截图

5. 版尾部分

版尾部分是整个网页的结束部分,通常用来声明网站的版权,为用户提供访问网站的联系方式等信息,如图 1.9 所示。

图 1.9　优秀设计网版尾部分

1.5　网页开发工具

编辑网页可选的软件很多,但是这些软件都各有特点,在表 1.3 中列出了常用的编辑软件的特点。

表 1.3　常用网页编辑软件

编号	软件名称	特　点
1	FrontPage	可以方便地进行小型网站开发,但是功能有限
2	Dreamweaver	所见即所得的网页编辑器,功能强大,是现在主流的网站开发工具
3	Adobe GoLive	工业级的网站设计、制作、管理软件,操作简单
4	HomeSite	小巧而且全面的 Html 代码编辑器
5	Visual Studio	可以开发桌面和 Web 应用程序,但是只适合有一定经验的程序设计人员使用

1.6　网站开发流程

典型的网站开发流程包括以下几个阶段:

(1) 需求分析。确立建站目标、网站所面向的用户及网站所要实现的功能。

(2) 设计阶段。明确网站的栏目组成、页面的内容和网站的链接结构。

(3) 制作阶段。使用网页制作软件和图像处理软件来完成网页。

(4) 测试阶段。检查网站的链接结构、跨浏览器兼容性,检查页面是否出现显示错误。

(5) 维护和更新阶段。使用网页设计软件对网站进行更新和维护。

下面对开发的这 5 个步骤进行详细说明。

1.6.1　需求分析

对于大型的网站,需求分析阶段必须由专人来负责。此阶段需要进行问题获取、分析、编写规格说明,最终将用户的需求通过文档进行描述,这个文档就是需求说明书,随后开发人员根据需求说明书进行实际开发。

需求在整个网站开发过程是非常重要的。据统计,很多延期完工或者失败告终的网站项目中 80%以上的原因都是因为需求做得不够到位、准确。所以准确把握客户的需求,完整采集项目的相关领域需要,在整个网站开发过程中是不能忽略的关键一步。这个过程直接决定了站点的质量和未来的访问量。

需求采集过程中需要明确下面这些问题。

(1) 建网站的目的是什么?

• 产品、服务的销售;

• 建立一种公益性服务;

• 为一种思想、观念、事业作宣传;

• 使自己的业务走向世界。

(2) 确定网站的浏览者:不同性别、年龄、职业的浏览者对网站的要求是不一样的。

主要浏览者群体分类如下:

• 按性别划分为男性和女性;

• 按年龄段划分为儿童、青少年、成人等;

• 按职业划分为学生、教师、公务员等。

(3) 基于明确的用户群体,期望网站具备的特点。

• 以内容为本,访问速度快;

- 视觉设计具有特色;
- 大量使用图和动画,忽略登录速度;
- 打开页面的速度最重要。

确定用户群体是非常重要的,此时必须清楚,网站设计人员不是用户,用户是这个网站的真正使用者、浏览者。网站开发人员由于参与了网站的设计和制作,对网站的内容、结构、导航和功能都非常熟悉,但是这个网站对用户来说完全是陌生的。

通常在分析用户群体时,要统计一些人口特征,如平均年龄、性别比例、平均文化程度和民族习惯等,根据这些数据去套用普遍的行为和需求,如年轻人喜欢活泼的颜色和个性的版面结构,老年人喜欢稳重的风格。

采集到用户需求之后,需要将需求转换成文档,便于开发人员使用。需求文档中应该包括网站建立所需要的软硬件设备,网站的功能描述等信息。

表 1.4 中列出了需求说明书的模板。

表 1.4 需求说明书模板

网站需求设计说明书

作者:

日期:

目录

1. 引言

1.1 目的:编写需求说明书的目标。

1.2 项目背景:包括为哪个公司开发项目,开发单位以及该系统与其他系统的关系。

1.3 参考资料:包括文档所引用的资料。

2. 技术概述

2.1 硬件环境:企业已有的硬件设备。

2.2 软件环境:软件运行所需要的操作系统和数据库,Web 服务器。

2.3 网络结构拓扑图:企业现有的网络的结构图。

3. 数据描述

3.1 已有数据:日常工作中的电子数据。

3.2 录入数据:需要更新的数据。

3.3 数据保存:将数据保存在数据库中还是文件中。

3.4 数据词典:为了检索和查询使用。

3.5 数据采集:开发过程中需要的数据需要向谁联系。

4. 功能需求

4.1 功能划分:确定网站实现的功能,如用户注册,留言。

4.2 功能描述:对功能进行详细介绍。

5. 性能需求

5.1 数据精确度:用户对数据的精确度要求。

5.2 时间特性:用户对系统响应时间的要求。

6. 操作流程图

描绘了用户对页面的操作流程。

7. 其他需求

如色彩搭配,链接结构,可维护性,安全保密等。

表 1.5 中列出了页面需求说明文档。

表 1.5 网站页面需求文档模板

网站页面需求设计说明书

作者：

日期：

目录

引言

目的：写这个需求设计文档需要达到什么样的沟通目的。要简明概要。

参与人员：参加需求分析的人员和分工。

相关文档：指定需求分析文档时参阅的已存在的文档。

关键字：本文档的主要关键字，方便以后查阅。

页面一

页面样式：页面的风格，页面浏览效果。经常是在 Word 文档中绘制出页面的大致效果。

页面功能说明：声明这个页面的主要作用。

页面链接说明：指明本页中的超链接跳转的页面。

页面二

页面样式：同上

页面功能说明：同上

页面链接说明：同上

其他要求：如用户对颜色的要求，布局的要求（见附录），徽标的要求等。

表 1.5 中的页面样式是在 Word 软件中由一些绘图元素所绘制出的网页效果图，如图 1.10 所示。

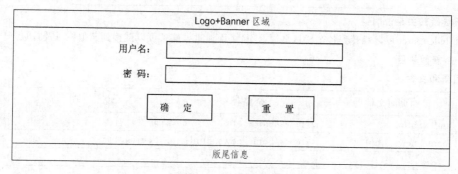

图 1.10 网页效果图

1.6.2 设计网站

设计阶段在整个网站开发过程中也是非常重要的，下面重点介绍规划过程中要考虑的因素。

在建设网站之前必须对站点进行规划，确定网页组成及存放路径，完成页面详细设计文档。这个过程做得细致、到位，可以为后期开发节省大量的时间。

1. 设计页面及路径

一个网站是由多个网页构成，每个网页可能经过多人修改（如美工人员、网页设计人员和数据库设计人员），为了能更好的完成开发，需要参与人员明确设计网页的页面功能、路径和名称。同样,需要形成电子文档,也就是页面设计说明书,以便日后查阅。

在表 1.6 中列出了页面设计说明书模板。

表 1.6　网站页面设计说明书模板

网站页面设计说明书

作者:

日期:

目录

引言

　　目的:写设计文档需要达到什么样的目的。

　　参与人员:参加设计的人员和分工。

　　关键字:本文档的主要关键字,方便以后查阅。

网站主要栏目页面名称和跳转关系

根目录

　　目录和文件

页面名称	全路径	说明	对应需求设计页面
index. htm	/index. htm	网站首页	主页面
⋮	⋮	⋮	⋮

文件夹名称	全路径	说　　明
news	/news	新闻栏目文件夹
images	/images	首页中的素材图片文件夹
⋮	⋮	⋮

　　重要跳转关系说明:

　　如 index. htm 可以跳转到各个栏目页面,栏目页面通过导航条可以链接到其他栏目及首页。

栏目一:新闻栏目

　　目录和文件:

页面文件	全路径	说　　明
index. html	/news/index. html	新闻栏目首页
home_news. html	/news/home_news. html	国内新闻页面
⋮	⋮	⋮

　　重要跳转关系说明:

栏目二

　　目录和文件:

　　重要跳转关系说明:

栏目…

　　目录和文件:

　　重要跳转关系说明:

　　此时,应该合理组织网站的文件,可以按照功能或者栏目进行划分,如留言网页放在留言栏目文件夹中,所有的动画文件可以放在 SWF 文件夹中,方便以后查找。在为文件或文件夹起名字时应该注意,所有的名称都应该是小写,而且最好见名知意。对于首页最好采用默认的 index 或 default。

2. 页面详细设计文档

为了使多人合作完成的项目可移植性好,应该制定相关的规范,如 HTML 页面的书写规范、CSS 样式书写规范以及图片文字链接的规范等。

制定规范标准后,完成下面的页面设计说明书,注意这个文档是针对包含 CSS、框架的网页而制定的。页面设计文档模板如表 1.7 所示。

表 1.7 页面设计文档模板

页面设计说明书

作者:

日期:

目 录

引言

目的:写设计文档需要达到什么样的目的。

参与人员:参加设计的人员和分工。

关键字:本文档的主要关键字,方便以后查阅。

页面一览:

页面全路径	页面说明	创建时间
news\index.htm	新闻栏目首页	2012.12.12
⋮	⋮	⋮

页面一:

CSS 说明:确定样式的规范,如 CSS 是内部还是外部。

层说明:有关层使用的规范。

框架说明:框架使用的说明,如命名等。

页面二:

CSS 说明:同上

层说明:同上

框架说明:同上

⋮

1.6.3 制作网站

规划完成之后进入制作阶段。制作网站包括前台页面设计、页面代码书写和后台程序开发三个步骤。对于静态网站,只需要完成前面两个步骤。

1. 前台页面制作

使用网页图像制作软件来制作网页元素 Logo、Banner,设计整个网站的布局。在 Dreamweaver 中对网页元素进行布局,完成网站的静态页面部分的制作工作。

2. 页面代码书写

利用 CSS 和 JavaScript 技术对网页进行美化,为网页增加一些交互动作,如鼠标指向的动作、滚动图片等特效。

3. 后台程序开发

对于动态网站，需要数据库的支持，所以后台程序开发包括设计数据库和数据表，以及编写操作数据库中表的程序。

1.6.4 测试阶段

在发布网站之前要对网站进行各种严格的测试，包括功能测试、性能测试、可用性测试和安全性测试等。测试最好是在一个真实的环境下进行，也就是在因特网上测试。

测试的目的是检查和验证，发现问题和错误。通过测试，检查网站中的图像、文字、视频和表单等元素的大小、位置、版面结构是否发生了移位；发现网站中的空链接、错误链接，查看页面中的图像是否能完整显示，视频是否能够正常打开；检查在不同的浏览器中网页是否都能正常显示。

(1) 功能性测试：测试网站的功能是否能实现，包括页面是否显示正常，链接是否正确，表单是否能够正常填写和提交，数据库是否能够正常读写，后台管理程序是否能够完成任务等。

(2) 性能测试：包括连接速度测试、负载测试和压力测试三个方面。

- 连接速度测试：连接速度是指当用户在浏览器窗口中输入域名单击链接按钮之后转到相应页面所需要的时间。这个速度与用户的上网方式（小区宽带、ADSL 宽带等）、网站的接入带宽、网站的服务器性能、页面数据量都有关系。测试时分别针对用户不同上网方式进行统计，逐一测试每个页面的链接速度。一般而言，页面的链接速度最好控制在 5 秒之内。

- 负载测试：在多个用户同时访问网站的情况下验证网站的运行情况。一般情况下是通过程序来模拟大量用户并发访问进行测试，但是这个测试结果可能与实际大量用户并发访问的情况有差距。

- 压力测试：压力测试给网站增加的负载超过设计指标，目的是了解超过设计负载后网站的反应情况，在多大的负载下网站会崩溃，以及检测崩溃后系统的恢复速度、能力等。

(3) 可用性测试：是指产品对用户来说是否有效、高效，是否令用户满意。实际上是从用户角度来评价产品。可用性测试分为主观测试和客观测试。

- 主观测试：包括检验用户对页面主题的理解，重点应该集中在网站的首页和栏目首页。测试方法是，找一些用户，请他们浏览网站，看是否能够快速理解网站或栏目的主题。检验用户对网站信息分类的理解是否与设计时的考虑一致。测试用户对导航图标、导航按钮位置的理解情况。

- 客观测试：给用户一些任务，让用户通过网站来完成，任务的选择可以是用户比较感兴趣或实际需要的任务，也可以是查找某些信息、下载某种软件等。

(4) 安全性测试：集中在那些需要用户输入用户名、密码的区域，对用户的用户名和密码分别做出有效和无效两个方面的测试；检查后台程序是否能够正常工作，安全性如何，防止数据被非法获取。

1.6.5　维护和更新

网站建成之后应该间隔一定的时间进行更新,增加新的内容和功能。维护网站是一项长期的工作,通过维护保障网站更好地运行。

1.7　鉴赏能力培养

欣赏时光网(http://www.mtime.com)。

这个网站被誉为国内电影社区类最优秀的网站,网站的访问者是全球各地的电影发烧友。网站收录众多经典影片信息,信息全面、新颖,具有群组社区等内容,互动性强。

如图 1.11 所示,这个网站采用蓝色、白色作为主色调,蓝色代表海洋、宇宙、大海,是一种博大的颜色。通过蓝色和白色的搭配,显示出清爽,简单明了。不同的蓝色的搭配给人一种层次递进的感觉。网站的 Logo 富有动感,白色让人联想到正处冬季的北半球的雪,配上 2013 更显时代感。

图 1.11　时光网首页

这个网站的内容按照新闻、预告片、影评和资料库等划分,分类比较明确,方便浏览者查找信息。如图 1.12 所示,在导航条上设计了子菜单,当用户鼠标停留在某个项目上之后,会出现该栏目中的子栏目菜单,该菜单中显示了子栏目的信息名称,设计人性化,用户可以在很短的时间内找到感兴趣的信息。

图 1.12　资料库菜单

　　Banner 区域如图 1.13 所示,采用的是 JavaScript 技术实现的图片切换效果,用来展示该网站关注的影视人物、新闻。当用户指向右下角中的缩略图时,通过鼠标指向事件的定义,会在此区域显示大图,实现一种动态变化的效果。

图 1.13　Banner

　　主体区域分为 5 个区,分别是新闻区、热映区、影评区、社区和品牌专区。这些分区之间通过分割线进行间隔,界限泾渭分明。在新闻区中,如图 1.14 所示,自然划分成左右两个分区,左边介绍今日要闻、微新闻,右边列出了该网站精选的新闻信息。左边的区域中,文字采用蓝色和黑色,两种颜色搭配非常和谐,背景采用白色,显得干净、整齐。在一个代表性的图片右侧,整齐列出了几条今日关注的头条影视方面的新闻,这个今日要闻非常出彩,原因在于使浏览者感受到网站的更新是非常及时的。右边区域为了显示出对比的效果,背景用蓝色,而文字采用白色和黄色,视觉冲击非常强烈。

　　"正在热映"区域如图 1.15 所示,详细列出了浏览者所在城市影院正在热播的电影信息,资讯很全面,方便浏览者了解播出的日期和时间。这个网站之所以受欢迎,正是由于设计者真正是在想影迷之所想,急影迷之所急。另外,在若有若无的虚线旁边有介绍即将上映的影片的信息、图片和预告片的链接。

图 1.14　新闻区

图 1.15　热映区

　　影评部分如图 1.16 所示,自然分成了 4 个分区——经典电影介绍区、电影列表区、时光影谈区、微影评区,有详有略有重点地展示了热门电影的评价信息。

　　社区区域如图 1.17 所示,发起一个今日话题,包括一些评价,影迷可以发表自己的感想。另外也可以查看近期的热点,参加今日活动,参与电影猜猜看。此时,浏览者已经是这个网站的一个组成分子,在网站中发表电影评价,发表感想。

图 1.16　影评区域

图 1.17　社区区域

　　最后的品牌专区主要是用于广告推广。如图 1.18 所示,在这个区域列出了电影宣传网站的链接。之所以把这个区域放置在最下面区域,就是考虑到影迷的需求,广告部分不是他们关心的重点。为什么还要设计这部分呢? 这是盈利的需要,毕竟大多数网站都要以创收为目的。

　　接下来打开新闻栏目,如图 1.19 所示,感受一下它的出色的设计风格。

图 1.18　品牌专区

图 1.19　新闻栏目首页

　　新闻栏目的上边区域沿用了首页所使用的 Logo 和导航条。主体区域按照新闻的类型分为新闻、电影新闻、人物新闻、电视新闻和精彩回放 5 个部分。每个区域都是层次分明,结构清晰。在新闻分区中左边显示今日焦点,右边显示热点的聚焦话题。图文混排得非常自

19

第1章

网页设计概述

然、和谐。

图 1.20 所示是预告片栏目的截图,在醒目的位置插入了当前热门电影的片花,浏览者不需要页面跳转就可以欣赏影片,非常人性化。

图 1.20　预告片栏目首页

影评栏目如图 1.21 所示,沿用了其他栏目的设计风格。此栏目将最醒目、最流行的电影资料置于中心位置,分区感强,颜色搭配自然。

图 1.21　影评栏目首页

整体分析这个网站,最大的成功之处就在于主题非常明确,主要做最新、最热门的电影资讯。网站的风格非常独特,颜色搭配协调,布局非常整齐,主次清楚。资讯更新非常及时,在网站多处能看到"今日"一词,体现出较强的时间感。另外地域也很明确,根据浏览者的IP确定了所在地之后,网站上显示的很多信息都是浏览者所在城市的影视信息,服务很贴切、到位。更重要的是,网站提供了交互的平台,当影迷需要发表影评,可以非常快捷的通过表单提交言论,也可以在虚拟社区参加讨论。

除了上面所说的这些方面以外,这个网站的访问速度比较快,因为通过引入特定的技术,没有受到图片和媒体文件比较大造成下载速度比较慢的影响。

下面列出了一个优秀的网站所应该具备的特点。

- 主题突出,全站点围绕一个主题及其周边内容进行建设。
- 网站整体的风格具有一定的创新性,色彩搭配鲜明,内容布局合理。
- 内容具有观赏性、普及性、艺术性、可读性,语言文字有特色。

1.8　鉴赏能力提高

分析洛川苹果资讯网。

网站展示:这个网站主要介绍洛川苹果(如图 1.22 所示),给关注洛川苹果的朋友提供一个平台。本网站以绿色、蓝色、红色为色调。首页采用"匚"字型布局结构。Logo 是苹果的英文单词,网站包括首页、洛川简介、洛川苹果介绍、洛川苹果节、洛川苹果销售等栏目。首页主要介绍洛川苹果的相关信息。

图 1.22　洛川苹果网站首页

说明:这个页面颜色搭配不合理,红色和绿色显得不够和谐;图文混排的不够自然,很生硬呆板;主体区域的文字比较大,看着不够精致。左侧陕北资讯和新闻模块中文字居中对齐,排版比较乱。中间的 Banner 采用的是 Flash 动画文字,背景是满满的苹果,显得非常乱。总之,从展示形式来看还需要进一步修改,做得不是很到位。

洛川简介栏目(如图 1.23 所示)下有 4 个子栏目,分别是洛川简介、洛川博物馆、洛川会议旧址和黄土地质公园。

图 1.23　洛川简介栏目

说明:这个栏目页面打开后看到一大片空白,文字和图片松散地摆在网页中,显得不够紧凑。此页面本身信息量并不大,但是整个浏览器窗口都被占满。需要修改页面的布局。

"洛川苹果介绍"栏目首页(如图 1.24 所示)中有洛川苹果介绍、苹果种植园、苹果树修剪和苹果采摘等栏目。

说明:这个页面缺少 Logo,没有 Logo 这个页面缺少了点睛之笔。另外,网页的主体部分缺少分区感,所有的信息(包括文字和图片)都是杂乱地放置在网页中,看起来感觉非常糟糕。

洛川苹果节栏目(如图 1.25 所示)中有洛川简介、洛川苹果简介和洛川苹果销售等栏目。

说明:这个栏目中密密麻麻地放了 9 张照片,因为图片之间没有间隙,浏览的时候很疲劳。图片缺少文字介绍,如它是在什么时间、什么地点拍摄的,因为单纯图片能传递的信息量是有限的,所以最好能增加必要的说明文字。

洛川苹果销售栏目(如图 1.26 所示)下有苹果简介、价格、产品和果醋 4 个子栏目。

要求:综合分析一下这个网站(可以从主题、栏目分配、配色、风格和整体效果等方面进行考虑),在哪些方面可以改进?怎么修改?

图 1.24　洛川苹果介绍栏目

图 1.25　洛川苹果节栏目

网页设计概述

图 1.26　洛川苹果销售栏目

说明：这个网站主题比较突出，整个网站都是围绕洛川苹果展开介绍，但是在组织内容的时候思路不够清晰，造成栏目间的内容有重复，比如在洛川简介栏目中有洛川简介信息，而洛川苹果节栏目中同样有洛川简介，显得啰嗦。

习　题　1

1. 上网浏览以下 4 种不同类型的网站，分析它们的组成、功能以及在站点风格和站点实现方面的特点。

门户网站模式：雅虎中国(http://cn.yahoo.com)。

企业网站模式：中国工商银行(http://www.icbc.com.cn/icbc/)。

交易网站模式：当当网(http://www.dangdang.com)。

电子政务网站模式：陕西政务大厅(http://www.sxhall.gov.cn/)。

2. 浏览蔬菜水果店网站的首页，此文件在"book\待修改的网站\蔬菜水果店\web\style.html"中，思考从哪些方面可以对网站进行优化。

第2章 | Dreamweaver CS6 基础知识

2.1 Dreamweaver CS6 简介

目前市场上有很多网页设计工具，但是使用时功能有限。Dreamweaver 因为具有网页设计和编程的强大功能，从众多的网页制作工具中脱颖而出，受到众多网页制作者的青睐。

Dreamweaver、Flash 和 Fireworks 是由 Macromedia 公司推出的一套网页设计工具，被称为网页三剑客。其中，Fireworks 是用来制作网页图像的软件；Flash 是生成矢量动画的软件；Dreamweaver 可以为各种素材进行集成和发布。在 2005 年 Macromedia 公司被 Adobe 公司收购后，网页三剑客经过整合成了 Dreamweaver、Photoshop 和 Flash。

Dreamweaver 也被称为梦幻工厂，具有"所见即所得"的编辑方式，在网页中可以引入行为、样式和模板等技术，所以在制作网页时体验非常好。由于它具备可视化编辑功能，用户可以快速地创建页面而不需要掌握专业的 HTML 语言。在查看站点元素和资源时，能够直接进行拖曳，操作非常直观。另外，可以直接将在 Photoshop、Fireworks 中创建和编辑的图像导入到 Dreamweaver 中，将资源进行整合，也可以在 Dreamweaver 中编辑 ASP、PHP 和 JSP 等动态网站。所以，Dreamweaver 在网站建设中起着不可替代的作用。

2.2 Dreamweaver CS6 的工作界面

在 Dreamweaver 的工作区域中集合了一系列窗口、面板和检查器，在进行网页制作之前先要对 Dreamweaver 的工作区有一定的了解，学习用检查器和面板设置适合用户风格的界面。

2.2.1 界面布局

打开 Dreamweaver CS6 软件后会看到图 2.1 所示窗口。

在 Dreamweaver 中，工作区有多种视图，如代码视图、拆分视图、设计视图和实时视图。默认的是设计视图，如图 2.1 所示，这种视图对于习惯所见即所得开发环境的设计师来说使用起来非常方便。

代码视图中文档窗口默认以"代码"形式显示，这种视图对于编程人员来说使用非常方便，如图 2.2 所示。

还有一种拆分视图，在这种视图中将 Dreamweaver 界面分解成了两部分：一部分显示正在设计的网页的源代码；另一部分显示 Dreamweaver 的可视化界面。

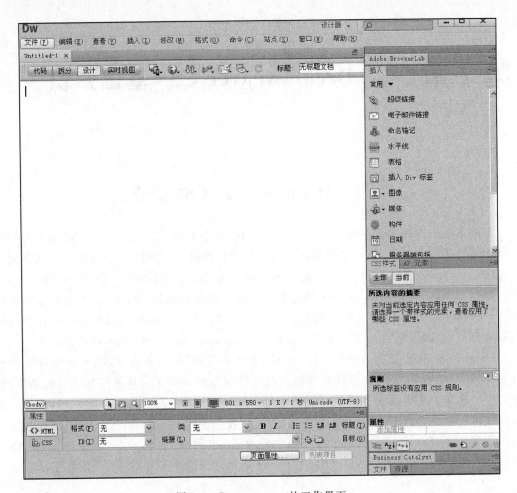

图 2.1 Dreamweaver 的工作界面

说明：如果读者习惯了低版本的设计器布局模式，可以通过"窗口"→"工作区布局"→"管理工作区"→"经典"命令切换到以往熟悉的工作模式。

下面来介绍 Dreamweaver CS6 特有的设计器布局。

1. 菜单栏

如图 2.3 所示，Dreamweaver 的 10 个菜单包括了所有功能，通过菜单栏可以对对象进行设置。菜单栏是按照功能的不同进行划分，便于用户使用。

2. "插入"栏

在设计器布局中，"插入"栏位于屏幕右侧浮动面板中，如图 2.4 所示，以下拉列表形式展示，占了屏幕很小的区域，其中包含了各种网页元素，如图像、表格、层、Spry 控件等。

3. 文档工具栏

如图 2.5 所示，文档工具栏上有视图切换的按钮，另外还包含文件管理功能、上传下载、浏览器预览等功能按钮。

4. 文档窗口

显示用户正在编辑的网页文档。

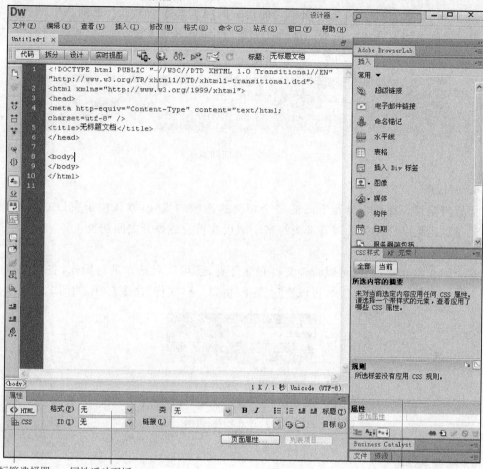

图 2.2 代码视图

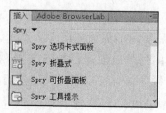

图 2.3 菜单栏

图 2.4 "插入"栏

图 2.5 文档工具栏

Dreamweaver CS6 基础知识

5. 属性浮动面板

在"属性"面板中,可以查看和编辑当前选定的网页元素的属性。此面板中的内容会随着选中对象的不同而变化。例如当前选中了文字,面板中就会显示文字相关的属性,如字体、大小和样式等,如图 2.6 所示。

图 2.6　属性面板

6. 面板组

面板组是组合在一个标题下面的多个相关的面板的集合,默认位于窗口右侧的位置。可以通过单击组名称左侧的展开箭头将多个面板在折叠或展开之间切换。

7. 文件面板组

这个面板组非常重要,可以管理文件和文件夹,还可以对站点进行操作,查看站点中的资源。如果文件面板没有显示,可以通过选择"窗口"→"文件"命令打开,如图 2.7 所示。

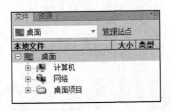

图 2.7　"文件"面板组

8. 标签选择器

标签选择器位于文档底部的状态栏中,用来显示当前选定 HTML 对象标签的层次结构,单击其中的任何标签,就可以选中该标签及其内容。

2.2.2　窗口和面板

在设计器布局模式下学习 Dreamweaver 中特定的窗口、工具栏、面板、检查器及工作区中其他的元素。

1. 欢迎界面

第一次启动 Dreamweaver 后显示的界面如图 2.8 所示。此欢迎界面分为三列,左边一列可以打开最近使用的文档,中间列可以创建各类新文档,右边一列是从模板中创建文档。下侧提供了软件的帮助信息,此帮助信息可以通过网络进行更新。

如果希望下次打开 Dreamweaver 之后欢迎界面不再显示,可以勾选界面下方的"不再显示"复选框,这样在下次启动的时候不会出现欢迎界面。当然,也可以通过选择"编辑"→"首选参数"命令,在弹出的"首选参数"对话框的"分类"列表框中选择"常规"选项,在右侧的"文档选项"中选中"显示欢迎屏幕"复选框。这样下次运行该软件就可以显示欢迎屏幕(如图 2.9 所示)。

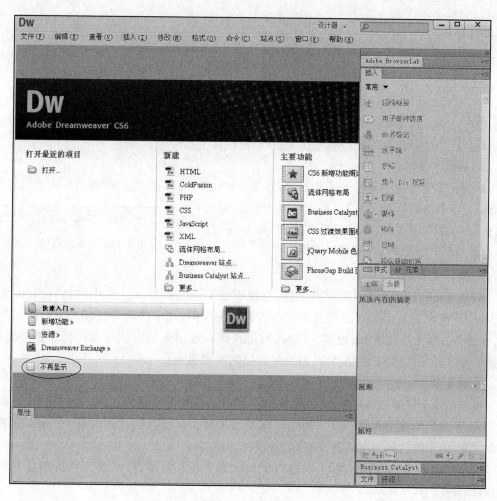

图 2.8　起始界面

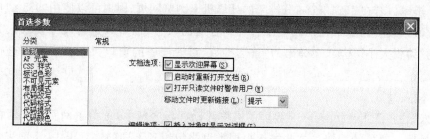

图 2.9　"首选参数"对话框

2. 文档工具栏

单击文档工具栏左边的按钮,可以在"代码视图"、"设计视图"和"拆分视图"之间切换。"实时视图"可以看到网页在浏览器窗口中运行的效果。工具栏中还设有添加网页标题、文件管理、本地和远程站点间传送文档等功能,如图 2.10 所示。

单击"多屏幕"按钮可以预览到在智能手机、平板计算机或台式机所建立项目的显示画面。

29

第2章

Dreamweaver CS6 基础知识

浏览器中预览 验证标记 刷新

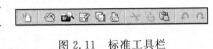

多屏幕 文件管理 检查浏览器兼容性

图 2.10 文档工具栏

说明：Dreamweaver CS6 和 Dreamweaver CS5 不同的是，在 CS6 中当"实时视图"处于选中状态时，"实时代码"和"检查模式"选项会出现在工具栏中。

3. 标准工具栏

默认状态下标准工具栏是不显示的，如果需要显示，可以通过选择"查看"→"工具栏"→"标准"命令打开。标准工具栏（如图 2.11 所示）包括"文件"和"编辑"菜单中常用的操作按钮，如新建、打开、保存、打印代码、剪切、复制和撤销等按钮。

图 2.11 标准工具栏

4. 编码工具栏

编码工具栏只出现在编码视图中（编码视图是 Dreamweaver CS6 中增加视图，因使用得少，故不作说明），以垂直方式显示在文档窗口的左侧，其中包含多种标准编码操作的按钮，如高亮显示无效代码、应用删除注释、缩进代码以及插入最近使用的代码片断等按钮。在使用编码工具栏时，不能移动它，但是可以把它隐藏起来。

5. 状态栏

状态栏位于窗口的底部，主要用来提供与当前文档相关的信息，包括选择标签、选取工具、手形工具和缩放工具等。其中的选择标签用来显示环绕当前选定内容 HTML 标签的层次结构，单击任何标签可以选择该标签及其全部内容。

切换状态栏上的 ▣ ▣ 🖳 按钮可以调试网页在手机屏幕、平板计算机和显示器屏幕的显示效果。

状态栏的窗口大小选项反映浏览器窗口的内部尺寸（不包括边框），括号里显示的是显示器的分辨率。若在 1024×768 分辨率的计算机上浏览网页，用户可以使用"955×60（1024×768，最大值）"设置。如果在列表中没有找到合适的尺寸，也可以进行尺寸设置。方法是单击下面的"编辑大小"选项，在弹出的"首选参数"对话框中的窗口大小栏中可以进行数值的设置。

6. "插入"栏

"插入"栏位于 Dreamweaver 界面的右侧浮动面板区域中，覆盖了网页制作时的所有操作，如包括插入对象的按钮。这些按钮根据类型被组织到不同的选项卡中，下面来介绍这些选项卡。

- "常用"选项卡（如图 2.12 所示）：是"插入"栏中默认的选项，其中有最常用的插入对象，如表格、AP Div 等。
- "布局"选项卡（如图 2.13 所示）：用于处理表格、Div 标签、AP Div 和框架，通过插入这些元素可以定义页面布局结构。
- "表单"选项卡（如图 2.14 所示）：为用户提供了用于创建表单的基本组成控件，如表单控件、文本框、按钮等。

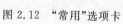

图 2.12 "常用"选项卡   图 2.13 "布局"选项卡   图 2.14 "表单"选项卡

- "数据"选项卡(如图 2.15 所示):用来添加与网站后台数据库相关的动态交互元素,如记录集、重复区域和更新记录表单等。
- Spry 选项卡(如图 2.16 所示):包括 XML 的列表和表格、折叠构件、选项卡式面板等元素。
- "文本"选项卡(如图 2.17 所示):包含了最常用的文本格式 HTML 标签,如强调文本、改变字体或创建项目列表所需要的选项。

图 2.15 "数据"选项卡   图 2.16 Spry 选项卡   图 2.17 "文本"选项卡

31

第2章

Dreamweaver CS6 基础知识

- 收藏夹：用户可以从"插入"栏中选择常用的工具放入收藏夹中，以提高操作效率。默认状态下，收藏夹中没有太多选项。可以在"收藏夹"选项卡上右击，从弹出的快捷菜单中选择"自定义收藏夹对象"（如图 2.18 所示）命令，在左边的"可用对象"列表框中选择一个对象，单击两个列表框中间的添加按钮，可以将选中的对象添加到"收藏夹对象"列表框中。在"收藏夹对象"列表框下单击"添加分隔符"按钮可以将图标分组显示。

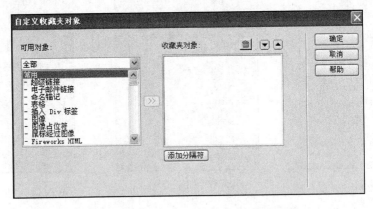

图 2.18 "自定义收藏夹对象"对话框

2.2.3 管理面板和面板组

在 Dreamweaver 中，面板可以组合在一个面板组中，也可以单独放置在窗口。组合在一起可以方便用户访问。面板组的操作如下：

（1）展开折叠面板组：在面板组上方双击可以折叠或展开面板。

（2）拖动面板组：将光标放在需要拖动的面板组左上角，按下左键将面板从面板组中拖出。如果要移回原来的位置，需要重复拖出的方法（将光标放在需要拖回的面板组左上角，按下左键拖动到面板组中）。

（3）查看面板组的"选项"菜单：单击面板或面板组右上方的选项按钮 ，在列表中可以对面板进行设置，比如有关闭标签组、帮助等操作。

2.2.4 自定义快捷键

Dreamweaver 中预先设置了一些常用命令的快捷键，如"新建文件"的快捷键为 Ctrl＋N。当然，用户也可以自己设置快捷键，方法是选择"编辑"→"快捷键"命令，在打开的对话框中选择需要更改的命令，如"打开"命令，单击右上角的"复制副本"按钮 ，复制为副本（可以为副本重命名），在副本设置中继续选择"新建"，在"按钮"输入框中设置新的快捷键（在键盘上直接输入，要求必须包含 Ctrl 键），单击"确定"按钮即可生效。

2.2.5 Dreamweaver CS6 的新增功能

1. 流体网格布局

在 Dreamweaver CS6 中引入了流体网格来针对不同的屏幕尺寸布局。利用这种布局模式可以直观简单地创建网页。

2. 增强型 jQuery Mobile 支持

Dreamweaver CS6 附带 jQuery 1.6.4 和 jQuery Mobile 1.0 插件,也就是说,在这个平台可以轻松地编辑 jQuery 脚本。

3. 更新的实时视图

可以通过实时视图来测试网页,提高编辑网页的效率。

4. 更多的屏幕预览面板

在多屏幕预览界面中可以检查在不同的媒体网页所呈现的效果。

5. CSS 过渡效果

通过 CSS 过渡效果的设置,可以使网页元素具有平滑运动的效果。

小提示:什么是 jQuery?

jQuery 是一种优秀的 JavaScript 框架,是轻量级的 js 库,它兼容 CSS3,兼容各种浏览器(如 IE 6.0 以上,Opera 9.0 以上)。jQuery 使用户能更方便地处理 HTML documents、events、实现动画效果,并且方便地为网站提供 AJAX 交互。

2.3 站点的部署

2.3.1 管理站点资源

因特网上的网页是以站点为单位进行组织的,独立于任何一个网站的页面是不存在的。所以在进行网页制作之前,先要建立一个站点,日后的所有操作都是在这个站点中进行的。如果要发布站点,也是将整个网站进行发布。有关站点的操作如下:

1. 组织站点结构

如果不考虑网页文件和素材文件在站点文件夹中的位置就开始创建文档,会导致站点文件夹中的资源杂乱。如何避免这个问题? 可以在设置站点的时候就创建一个包含网站中所有文件的文件夹,将它称为本地站点,在该文件夹中可以创建和编辑网页文件。在准备发布站点时,可以将此文件夹复制到服务器上。

一般在创建本地站点的时候,常采用字母组合来命名文件夹。例如,在 images 文件夹中存放图片文件时,media 文件夹用来存放媒体文件。另外还会为站点中的每个栏目创建一个栏目文件夹,命名时采用栏目的英文单词为名,如 news 表示新闻栏目。创建了这些文件夹之后,用户可以有序地管理站点资源。

2. 如何在 Dreamweaver 中管理站点

管理站点分为新建站点、管理站点、删除站点、复制站点、导出站点和导入站点等操作。

1) 创建站点

创建站点是制作网站的第一步,在 Dreamweaver 中可以利用站点菜单对站点文件进行管理。

操作步骤:

"站点"菜单中执行"新建站点"命令,打开的"站点设置对象"对话框如图 2.19 所示,在对话框中完成站点的创建。具体操作如下:

（1）为站点起一个名字，这个名字可以是中文或英文，同时必须指明此站点文件保存的路径，这个路径非常重要，如图 2.19 所示。

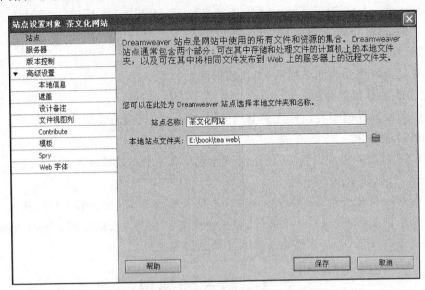

图 2.19　站点设置对象对话框

（2）在左侧选择"服务器"选项，出现图 2.20 所示的操作界面，在其中可以单击左下侧的 ✚ 按钮，为网站添加一个服务器，按需要设置连接的服务器名称、连接方法、FTP 地址、用户名和密码等信息（如图 2.21 所示）。

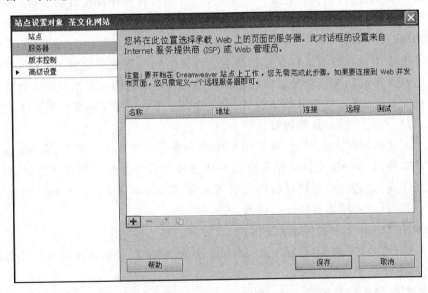

图 2.20　定义服务器

可以继续单击"高级"按钮设置远程服务器的其他属性，如图 2.22 所示。

如果当前建立的站点没有服务器，这项可以不做设置。

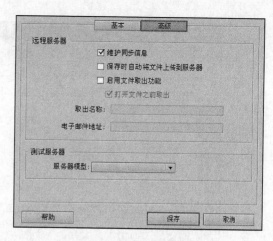

图 2.21 添加服务器 图 2.22 "高级"选项卡

（3）在对话框中选择左侧的"版本控制"选项，可以输入正确的用户名、密码等信息，访问 Subversion 服务器，对网站的版本进行控制（如图 2.23 所示）。

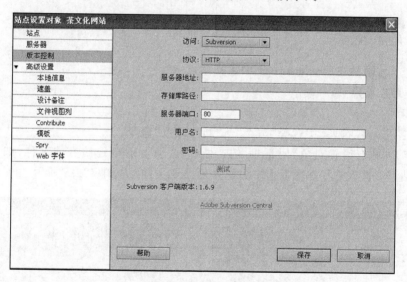

图 2.23 版本控制

（4）在"高级设置"中，可以分别设置本地信息、遮盖、设计备注、文件视图列和模板等属性。

2）管理站点

站点创建之后，可以通过选择"站点"→"管理站点"命令在"管理站点"对话框中对站点进行管理。如图 2.24 所示，在对话框中的列表区可以选择某个要操作的站点，双击对站点进行修改，或在对话框下方选择其他操作，如删除站点、编辑站点、复制站点、导入站点和新建站点等。

站点创建后，可以在"文件"面板将视图切换到"站点地图"视图，此视图中可以以链接图标的形式查看本地文件夹，可以向站点添加新文件、添加修改链接。注意，在显示站点地图之前要定义一个站点的首页，此网页可以是站点中的任意一个页面。

Dreamweaver CS6 基础知识

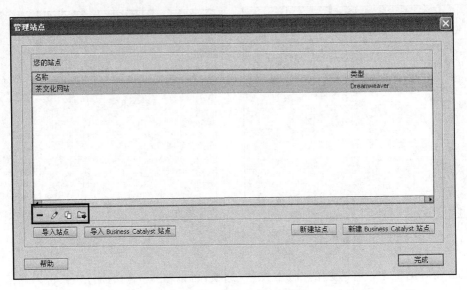

图 2.24　"管理站点"对话框

2.3.2　能力提高

项目一：为网站在 Dreamweaver 中建立站点

任务：建立站点

操作步骤：

（1）在 Dreamweaver 中选择"站点"→"新建站点"命令。

（2）打开"站点设置对象"对话框，在"站点"选项卡下设置站点的名称，如"茶文化网站"，本地站点文件夹选择在磁盘上事先建立的站点文件夹，如图 2.25 所示。

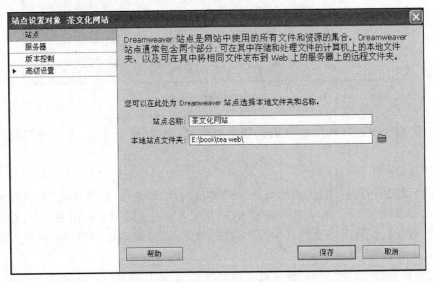

图 2.25　站点定义

说明：在站点文件夹中保存了前期处理的各种图像素材、文字资料。

（3）因为这个站点暂时是在本地编辑，没有上传到服务器上，所以其他如"服务器"、"高级设置"等选项以后再做设置。

此时完成了站点的定义，在 Dreamweaver 窗口的右侧文件浮动面板上出现了"站点"文件夹，如图 2.26 所示。

图 2.26　"文件"面板中的文件列表

2.4　文本的处理

基础知识：

主要学习设置网页标题、设置文本、设置项目列表、导入 Office 文档等操作。

文本是网页的基本组成元素，因为其表示信息非常准确，被认为是网页中重要的信息表现形式。网页开发人员可以为文字指定字体、颜色和大小，使网页不仅内容精彩，而且外形也美观。

2.4.1　网页标题的设置

什么是网页标题？

网页的标题位于浏览器窗口的标题栏中，表示网页的名称。但是注意这个名称不同于网页的文件名。标题对于网页而言非常重要，因为搜索引擎对网页搜索时会优先搜索标题。

如何设置网页标题？

方法一：在菜单栏中执行"修改"→"页面属性"命令，在打开的"页面属性"对话框中选择左边"分类"列表框中的"标题/编码"选项，然后在右边的"标题"文本框中输入网页的标题，如图 2.27 所示。

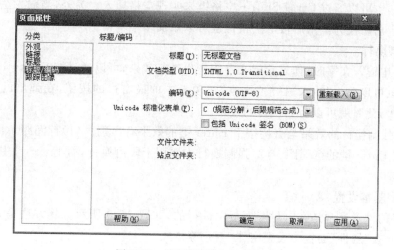

图 2.27　"页面属性"对话框（1）

Dreamweaver CS6 基础知识

方法二：可以在文档窗口标题处直接设置标题，如图 2.28 所示。这种方式设置简单，直观。

标题：无标题文档

图 2.28 页面标题设置

2.4.2 文本的基本设置

1. 设置文本标题

先将作为标题的文字选中，然后选择"修改"→"页面属性"命令，打开"页面属性"对话框。选择"分类"列表框中的"标题(CSS)"选项，在设置项中看到，文本标题共有 6 个级别，每个级别的标题的字号、颜色可以单独设置。字体可以通过"标题字体"下拉列表进行选择，如图 2.29 所示。

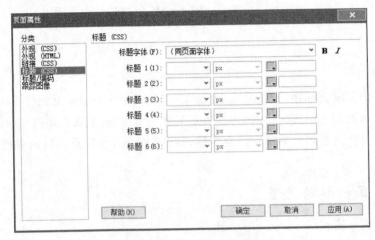

图 2.29 "页面属性"对话框(2)

2. 添加空格

在 Dreamweaver 中如果直接输入空格，多次按空格键时光标不会继续向后移动，也就是说只能输入一个空格。如果还需要插入空格，可以将"插入"栏切换到"文本"选项卡，单击按钮旁边的下三角按钮，在弹出的列表中选择"不换行空格"项 ，就可以为文本添加一个空格。当然，也可以通过 Ctrl＋Shift＋空格键来实现空格插入。另外，当输入法切换到中文输入法，将半角切换为全角后按下空格键也可以添加多个空格。

3. 强制换行

在网页中输入文字时，如果希望文字能产生换行效果，可以通过按 Shift＋Enter 键进行强制换行，也可以单击"插入"栏的"文本"选项卡中的最右边的按钮，在弹出的列表中选择"换行符" ，此时就可以看到换行的效果。

说明：强制换行的效果与直接按下 Enter 键的效果有区别。(1)行间距不同，换行的行间距小于按 Enter 键的行间距。(2)强制换行主要用于段内换行，而 Enter 键主要用来产生分段效果。

4. 文字基本设置

对文字的设置通常是在"属性"面板中进行的，如图 2.30 所示。其方法是先输入文字，将文字选中，在"属性"面板中设置字体、颜色等格式。

在图 2.30 左侧区域中可以选择 HTML 或 CSS，默认的是 HTML 选项。

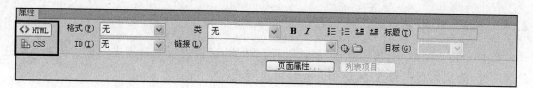

图 2.30 "属性"面板

"格式"项可以用来设置标题和段落,"类"选项用来应用某个已定义好的样式类,ID 项用来应用定义好的 ID,"链接"下拉列表框中可以设置超链接。除此之外,可以设置加粗、倾斜、项目符号,增加或者减少缩进。

CSS 选项下的面板如图 2.31 所示。

图 2.31 CSS 属性面板

在对话框中可以从"目标规则"下拉列表中选择新建一个 CSS 规则,单击"编辑规则"按钮来对样式的属性进行编辑。也可以直接设置字体,系统会自动弹出一个"新建 CSS 规则"对话框(如图 2.32 所示),选择 CSS 规则的类型(如图 2.33 所示),为选择器设置名称和保存位置。

图 2.32 "新建 CSS 规则"对话框

图 2.33 选择 CSS 的类型

Dreamweaver CS6 基础知识

2.4.3 项目列表

在 Dreamweaver 中，可以通过"属性"面板或"插入"栏进行项目列表的设置。项目列表分为三种，分别为有序列表、无序列表和自定义列表。

1. 有序列表和无序列表的操作方法

（1）输入文字。

（2）选中文字，在"属性"面板中单击项目列表按钮 ≣ ≣ 。

说明：此方法可以制作无序列表和有序列表。

补充：什么是无序列表？

那些以●、□和■开头，没有顺序的列表。

什么是有序列表？

有序列表以数字或者英文字母开头，每个项目有先后顺序的编号。

为列表项设置下级列表，如图 2.34 所示，在《爱情三部曲》项中包含下级列表，它是以一定的缩进来表示。

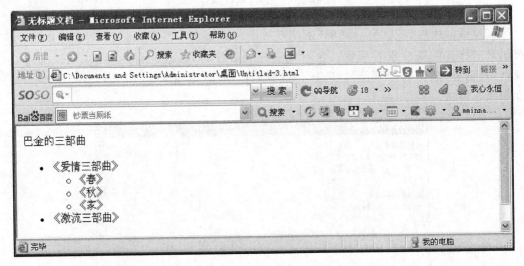

图 2.34　浏览器预览效果

完成如图 2.34 中效果的操作方法：

（1）分行输入文字《爱情三部曲》、《春》、《秋》、《家》，在"属性"面板中单击项目列表按钮 ≣ 。此时的效果如图 2.35 所示。

（2）选中文字《春》、《秋》、《家》，按下"文本缩进按钮" ≛ ，此时会将选中的项目作为《爱情三部曲》的子项，如图 2.36 所示。

2. 自定义项目列表

当有序列表或无序列表不能满足用户的需求时用户可以通过"文本"插入栏中的 dl、dt、dd 自定义项目列表。如图 2.37 所示，dl 按钮用来定义列表，在 dl 列表中可以包含 dt 和 dd。dt 作用是定义列表前面的名词，dd 用来定义名词的解释或说明。

图 2.35　浏览器预览效果 1　　　图 2.36　浏览器预览效果 2　　　图 2.37　自定义列表项目

2.4.4　使用外部文本

如果网页中要输入的文字已经以文件的形式保存下来,那么可以通过剪贴板粘贴到网页中,也可以将外部的文件导入到网页。

下面详细介绍粘贴文本、表格和导入外部文件的操作方法。

1. 粘贴文本

在 Dreamweaver 中,首先定位文本所要放置的位置,然后将文本复制粘贴到文档窗口。如果复制的文件中有图片和文字混排的情况时,直接粘贴会使文字和图片分开,此时可以选择"编辑"→"选择性粘贴"命令,打开图 2.38 所示的对话框。

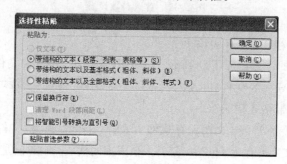

图 2.38　"选择性粘贴"对话框

对话框中选项的说明:

- 仅文本:选择此单选按钮,粘贴的只有文字,图片、文字样式及段落格式都不会粘贴。
- 带结构的文本(段落、列表、表格等):选择此项可以使粘贴的内容保持原来的段落、列表、表格等简单的设置,但是仍然无法将图片粘贴。
- 带结构的文本及基本格式(粗体、斜体):原来的粗体和斜体在复制后仍然可以正常显示,同时文字中的基本设置和图片也可以显示。
- 带结构的文本以及全部格式(粗体、斜体、样式):此选项可以保持原文档的所有格式,包括样式、图片、段落和列表。

2. 粘贴表格

在 Dreamweaver 中可以制作表格,但是对于数据量比较多的表格的制作就稍微复杂一些,此时可以利用专业的制表软件 Excel,先在 Excel 中制作表格,然后粘贴到 Dreamweaver 中。

操作步骤:

（1）在 Excel 中制作一个表格，选中表格，选择"复制"→"粘贴"命令。

（2）表格中只显示文字和基本的表格格式，如果不满意，可以打开"选择性粘贴"对话框，单击"粘贴首选参数"按钮，在弹出的"首选参数"对话框中选择"带结构的文本以及全部格式（粗体、斜体、样式）"单选按钮，如图 2.39 所示，这样就可以看到与 Excel 中相似的表格了。

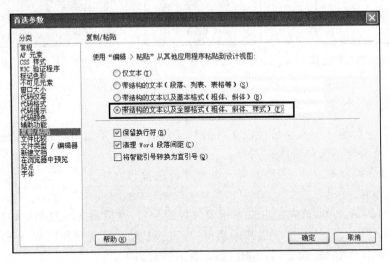

图 2.39　首选参数设置

3. 导入 Word 文档和 Excel 表格

导入 Word 文档的方法：打开 Dreamweaver，在菜单栏上执行"文件"→"导入"→"Word 文档"命令，选择需要导入的文件，并在对话框的下面选择"格式化"选项，在此选项中可以设置是仅导入文本还是带格式导入。

另外，也可以直接将 Word 文档保存成网页文件，操作方法为"文件"→"另存为网页"。

说明：由 Word 文档另存为 HTML 会引入很多控制代码，因此不适合直接在网页上显示，需要在代码视图中对网页进行修改，可以使用清理 HTML 功能。操作方法是在菜单栏中选择"命令"→"清理 Word 生成的 HTML"命令（如图 2.40 所示）。在对话框中可以选择需要清理的项目，通常情况下都是采用默认的设置。清理结束后，网页会简洁很多，可以节省下载时间。

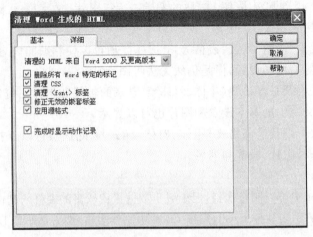

图 2.40　清理 Word 生成的 HTML

2.5 建立超链接

2.5.1 什么是超链接

对于一个网页而言,超链接是非常重要的组成部分,因为通过链接可以访问 WWW 上不同站点的信息。一个超链接就像一个箭头一样,包括起点和终点,由起点到终点的方向。起点是当前网页,终点是目标网页,方向是从当前页面跳转到目标页面。

2.5.2 如何表示超链接

在设置超链接时,如何描述目标文件(也就是超链接文件)的路径是个难点。在开发中,根据情况的不同,可以采用三种描述方式,分别是绝对路径、相对路径和根路径。

(1)绝对路径:为文件提供完整的路径,包括使用的协议,以及具体网页的地址。对于因特网上的网页、图片和按钮,必须采用这种描述方式表示,如 http://www.xysfxy.cn 表示需要在域名是 xysfxy 的服务器上进行万维网的超文本传输服务。

(2)相对路径:适合于内部链接。对于同一个站点中的文件,可以使用相对链接来表示其位置。这种表示方法不受站点文件夹位置改变的影响,表示时省略绝对路径中的相同部分,书写比较简单。如果链接到同一个目录下,只需要输入链接文档的名称。如果链接的是下一级目录中的文件,需要先输入目录名,然后输入"/",接着输入文件名。如果要链接到上一级目录中的文件时,需要在目录名和文件名前面输入"../"才可以正确表示。

(3)根路径:同样也适合于内部链接。表示时以"/"开始,表示根目录,然后在后面加上文件夹名和文件名,按照文件夹的嵌套关系书写,如/web/index.html。

2.5.3 为文本添加链接

在网页中当鼠标移到一些文字上之后,文字颜色变成蓝色或出现下划线,说明此文字有超链接效果。单击此文字页面会跳转。

为文本添加超链接的操作步骤:设计视图中选中需要添加超链接的文字,在"属性"面板中找到链接选项,直接在文本框中输入完整的地址,或单击文本框后面黄色的文件夹图标 ,在本地硬盘中找到目标文件进行链接。

如果希望链接的网页在一个新的浏览器窗口中打开,可以在"目标"下拉列表中选择_black;如果希望用链接的网页代替之前窗口中的内容,可以选择_self,如图 2.41 所示。

图 2.41 设置链接目标

链接的设置如下:

链接效果可以通过"页面设置"对话框来设置。方法是在"属性"面板中找到页面设置按钮,单击打开"页面属性"对话框,在左侧的"分类"列表框中找到"链接(CSS)",然后在对话框右侧设置超链接的效果,如图 2.42 所示。

43

第 2 章

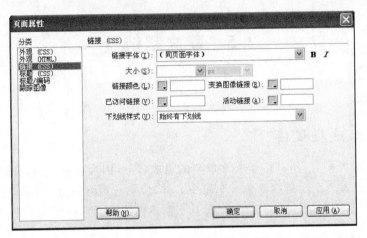

图 2.42 链接的样式设置

对话框中的设置如下：

- 链接字体：为链接文字设置字体。
- 大小：设置文字的大小。单位有点、像素等。
- 链接颜色：此颜色是超链接没有访问时的静态颜色。
- 变换图像链接：当用户把光标移动到链接上时显示的颜色。
- 已访问链接：设置超链接访问过的文字颜色、单击过的链接颜色可以通过已访问链接进行设置。
- 活动链接：是指用户对链接进行单击时的文字颜色，但有些浏览器不支持这个选项。
- 下划线样式：Dreamweaver 提供了 4 种下划线样式可以进行选择。如果希望链接中有下划线，可以选择"始终有下划线"选项。

2.5.4 超链接的检查

完成了超链接的设置后，可以使用 Dreamweaver 的链接检查和链接更新的功能进行链接的检查。

Dreamweaver 对网站中断了的链接、链接到站点以外文件的链接以及孤立的文件会生成一个报告。检查链接的方法：选择"文件"→"检查页"→"链接"命令。检测结束后，"属性"面板的下方打开一个面板（如图 2.43 所示），在面板中显示检测过的链接报告。如果网页中有断掉的链接，会显示在下方。当然除了检查网页的链接之外，还可以检测整个网站的链接。这些检测过的报告也可以被保存下来。

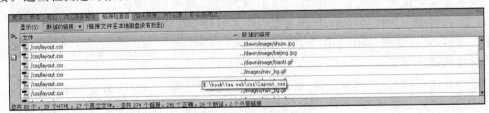

图 2.43 链接检查

2.5.5 电子邮件链接

电子邮件链接是比较常见的一种超链接。在浏览网页时，如果单击一个电子邮件的链接时，会在 Outlook Express 中显示发送电子邮件信息的窗口。窗口中已经为用户提供了写好的收件人地址，用户只需要添加邮件的主题，输入主要的内容，单击"发送"按钮。

电子邮件链接的设置：

（1）将光标定位在要添加电子邮件的位置上，在"插入"栏中选择"常用"选项卡，左边第二个按钮就是电子邮件链接的按钮 ▨ 电子邮件链接 。

（2）单击此按钮，在对话框中输入电子邮件的文本和 E-mail 地址，如图 2.44 所示。

图 2.44 "电子邮件链接"对话框

设置好之后，在"属性"面板的"链接"栏中自动出现系统自动生成的电子邮件地址。和页面链接不同，电子邮件链接使用"mailto：＋电子邮件地址"来表示。

更简单的操作方法：选中需要添加链接的图片或文字，在"属性"面板中直接输入电子邮件的链接"mailto：电子邮件地址"即可完成设置。

小提示：

如果要为邮件加上标题，可以在邮件地址的后面先输入一个"？"，然后再输入"subject ＝"，接下来就可以输入需要的标题了。例如，"mailto：mminnaliu@163.com？subject＝回复"，此时会在发送新邮件窗口显示发送的主题"回复"。

2.5.6 下载链接

1. 什么是下载链接

下载链接就是在单击了文字或图片之后弹出一个"文件下载"对话框，在对话框中可以选择打开或者保存文件，如图 2.45 所示。

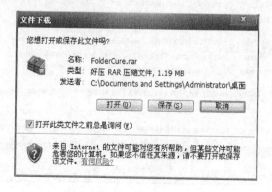

图 2.45 "文件下载"对话框

Dreamweaver CS6 基础知识

2. 制作下载链接的方法

选中需要添加下载链接的对象,在"属性"面板的链接项处单击"指向文件"按钮 ⊕ ,并在单击时按下鼠标左键进行拖曳,这时有一个箭头跟着移动,直接拖曳到"文件"面板之后选择一个压缩文件或一个应用程序。选择后,在链接项后面就有了选择的文件名称。

2.5.7　锚链接

1. 在同一个页面中添加锚链接

通常打开一个网页时网页都是从页面顶部开始显示,当查看网页下方的内容时必须拖曳页面右侧的滚动条,非常不方便。在 Dreamweaver 中,可以指定链接到页面的特定位置(如网页的底部),这就是锚链接。

操作步骤:

(1) 找一张内容比较长的网页,并在页面中添加锚记。将光标定位在需要增加锚记的位置,如将光标置于文字"在同一个页面中添加锚链接"之前,然后从"常用"插入栏中找到"命名锚记"按钮 🚲 。在弹出的对话框中输入一个锚记的名称,如 a1,如图 2.46 所示。这样就在页面中添加了锚记,有锚记的地方有一个类似盾牌的标志,如图 2.47 所示。

图 2.46　"命名锚记"对话框

图 2.47　添加锚记截图

(2) 当网页中所有的锚记都添加后,就可以添加超链接。先将超链接文字选中,然后单击"属性"面板中链接项后面的"指向文件"按钮 ⊕ ,并向第一个锚记的位置处拖曳,如图 2.48 所示。

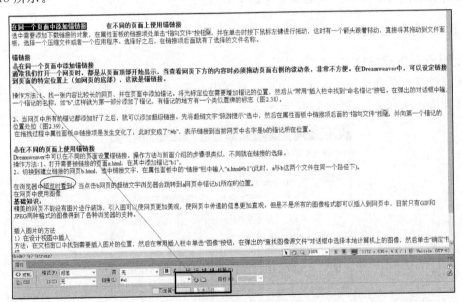

图 2.48　设置锚记

在拖曳过程中"属性"面板中的链接项发生了变化,此时变成了♯a1,表示链接到当前网页中 a1 的锚记所在位置。

小提示:

如果网页的最底端需要返回到网页的上面部分,也可以通过锚链接实现。在页面顶端增加一个锚记,然后在页面底端增加一个"返回到顶端"的文字,单击该处就返回顶端,页面直接就跳转到了最顶端的部分。

2. 在不同的页面上使用锚链接

Dreamweaver 中可以在不同的页面设置锚链接。操作步骤与前面介绍的步骤很类似,不同之处就在链接的选择。

操作步骤:

(1) 打开链接的目标页面 a.html,在其中添加锚记 a1。

(2) 切换到建立链接的网页 b.html,选中链接文字,在"属性"面板中的"链接"栏中输入 a.html♯a1(此时使用的是相对路径,表示 a 与 b 这两个文件在同一个路径下)。

在浏览器中预览时看到,在单击 b 网页的超链接文字时,浏览器会跳转到 a 网页中锚记 a1 所在的位置。

2.6 在网页中使用图像

基础知识:

精美的网页中少不了图片,引入图可以使网页更加美观,使网页中传递的信息显得更加直观。

2.6.1 插入图片的方法

1. 从设计视图中插入图片

操作方法:文档窗口中先确定需要插入图片的位置,"常用"插入栏中单击"图像"按钮,弹出的"查找图像源文件"对话框中选择本地计算机上的图像,单击"确定"按钮。此时在相应的位置插入了一幅图像。

说明:当选择一张图片后,在"查找图像源文件"对话框中会显示图片的预览效果及图片的尺寸、图片格式和图片文件的大小等信息。单击"确定"按钮后,会弹出"图像标签辅助功能属性"对话框,此时用户可以输入"替换文本"。所谓"替换文本"就是当浏览者将鼠标指针指向图片上时显示的文字,同样是图片因路径错误而无法在浏览器中显示时所出现的提示文字。"详细说明"需要用户输入一个超链接的地址,这个地址是对替换文本的详细说明。

如果插入的图像不在站点中,系统会提示用户是否将图片复制到站点中,如果单击"是"按钮,图片会复制到我们建立的站点文件夹中。

2. 从"资源"面板中插入图片

建立了站点之后,"资源"面板中显示了本站点的所有图像文件。选择一个图像之后,在面板中会显示图像的缩略图、尺寸、大小和文件类型。因此可以通过"资源"面板来插入图片。

操作步骤：在“资源”面板中将图片选中，向文档窗口拖动图片，这样就可以将图片插入网页中。

2.6.2 图片的基本设置

在 Dreamweaver 中可以对网页中的图像进行简单处理。操作方法：选中图片，“属性”面板中设置图像的宽和高、更改插入的图像文件、增加替换文字、设置图片的超链接、为图片设置边框粗细值、设置图片对齐方式。也可以通过“编辑选项”对图像进行处理，如图 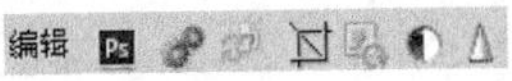

。

说明：

(1) 编辑。编辑项中显示的软件与计算机中安装的图像处理软件有一定关联。例如，计算机中安装了 Photoshop 软件，编辑栏中显示 Photoshop 的图标。用户也可以自己设置图像处理工具，方法是在菜单栏中执行“编辑”→“首选参数”命令，在对话框的左侧“分类”列表框中选择“文件类型/编辑器”，如图 2.49 所示。

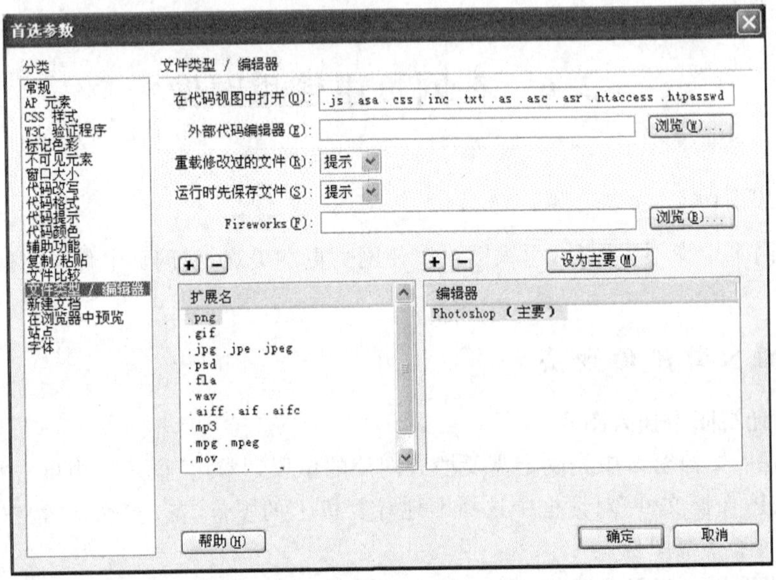

图 2.49 “首选参数”对话框

“扩展名”列表框中列出多种文件类型，选择了格式之后，可以在“编辑器”列表框中选择执行编辑的编辑器，一个格式可以指定多个编辑器。

(2) 编辑图像设置。对图片进行更精细的操作时可以单击此按钮，弹出如图 2.50 所示的对话框。

在对话框中可以转换图像的格式，如将 JPG 图片转换为 GIF 格式，转换之后就可以直接在 Dreamweaver 中将图片处理为透明。另外还可以对图片的压缩质量进行设置。

(3) 裁剪。当用户点击裁剪工具对图片进行裁剪时，图片的内部会出现一条带有阴影的边框，通过拖曳边框的边缘位置来修剪图像，如图 2.51 所示。

图 2.50 "图像优化"对话框

图 2.51 裁剪图

从图 2.51 中可以看到,没有选中的部分颜色变暗了,而选中部分是正常颜色,按下 Enter 键可以将没有选中的这部分剪掉。只要在图片外单击,就可以取消选择。如果要调整选中区域的位置,可以把鼠标指针指向选中的区域,当光标变成 4 个方向上的箭头时就可以拖曳选择区域到新的位置上。

剪裁后如果想要撤销刚才的操作,可以按 Ctrl+Z 键,即可恢复到剪裁之前的状态。

(4)重新取样。这个功能在处理图片时非常实用。在调整图像大小时,可以对图像进行重新取样,以适应其新尺寸。对位图对象进行重新取样时,会在图像中添加或删除像素,以使其变大或变小。对图像进行重新取样以取得更高的分辨率一般不会导致品质下降。重新取样以取得较低的分辨率则会导致数据丢失,并且通常会使品质下降。

(5)亮度和对比度。在"属性"面板中单击"亮度和对比度"按钮,会弹出如图 2.52 所示的对话框。

在对话框中通过调节标尺上的滑块来控制亮度和对比度,也可以在右边的文本框中输入具体的值。

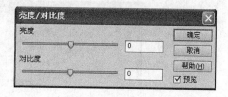

图 2.52 "亮度/对比度"对话框

(6)锐化。用于模糊不清的图像处理。通过锐化处理可以增强图像中的边缘定义,模糊的图像经过处理后显得边缘清晰,明显。

2.6.3 热区的操作

1. 什么是热区

在一张图像上,当用户单击某个区域时,光标变成手形图标,当单击这个区域时通过超链接跳转到其他页面,这就是热区。通俗地说,就是有 hotlink(热链接)的区域。

2. 如何设置热区

热区的设置可以通过"属性"面板的左下角区域,如图 ▢▢▢ 所示,Dreamweaver 把它称为"地图"、"热区"或"热点"。热区其实是为图像绘制一个特殊的区域,特殊在这个区域可以设置超链接。

注意:如果在"属性"面板中没有这个设置工具,需要在工作区中选定图像,然后就可以看到地图了。

Dreamweaver CS6 基础知识

在 Dreamweaver 中有三种热区：圆形热区、矩形热区和多边形热区。这三种热区工具的区别是绘制的区域形状不同。

操作步骤：

(1) 选中网页中的一张图像。

(2) 单击"属性"面板中的"矩形热区"工具。此时可以根据区域的特点来选择合适的热区工具。

(3) 在图像上找到合适的位置进行绘制。绘制的热区呈浅蓝色显示，通过调整热区的控制点可以改变矩形的大小。

(4) 为热区添加链接。在"属性"面板中的"链接"栏中直接输入链接的地址。

此时图像的热区就制作好了，可以在浏览器窗口中看到在单击了这个热区之后页面就跳转到其他位置。

2.6.4 制作光标经过图像

在一个网页中可以加入一些有变化效果的图片，如当鼠标指针经过某个图像时，图像转换成一个图像；当鼠标移开时，图像又恢复成变换前的图像，变化的图片效果可以使网页看起来非常生动。这个效果可以通过 Dreamweaver 交换图像的功能实现。

制作方法：

(1) 新建一个空白的网页，选择"插入"→"图像对象"→"鼠标经过图像"命令，此时打开"插入鼠标经过图像"对话框，如图 2.53 所示。

图 2.53 "插入鼠标经过图像"对话框

(2) 在"图像名称"文本框中为光标经过图像设置名称，单击"浏览"按钮添加一张图像作为原始图像，即鼠标没有经过时的图像。为"鼠标经过图像"选择一个图像文件，作为切换图像。接着在"替换文本"文本框中设置这个图像的说明文字，设置鼠标按下时前往的 URL。

2.6.5 插入图像占位符

1. 什么是图像占位符

图像占位符是一个带有目标图像的标题和尺寸的普通矩形，作用是为图像撑开它所占的位置，无论有没有在这个位置上添加图像都不会影响网页布局的整体效果，如图 2.54 所示。

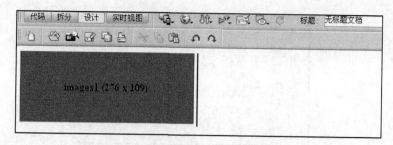

图 2.54　插入对象占位符的效果

2. 插入图像占位符的方法

操作步骤：

（1）将光标定位在需要添加图像占位符的位置。

（2）选择"插入"→"图像对象"→"图像占位符"命令，如图 2.55 所示。

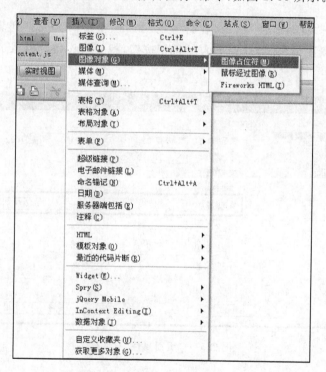

图 2.55　选择"图像占位符"命令

（3）当对话框打开后（如图 2.56 所示），在"名称"文本框中输入这个占位符的名称。这个名称会显示在占位符中。

（4）在"宽度"和"高度"文本框中设置占位符的大小。

（5）为占位符设置背景颜色，默认状态下是灰色。

（6）在"替换文本"文本框中输入文字说明作为这个占位符的说明。

此时占位符就制作好了。如果要用图像代替占位符图像时，可以双击占位符图像，然后从"选择图像源文件"对话框中选择需要的图像。

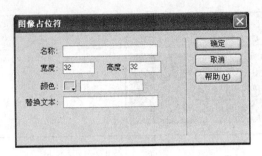

图 2.56 "图像占位符"对话框

2.6.6 添加背景图像

在网页中可以将图像作为背景插入,然后可以直接在上面编辑文本或其他网页元素。

操作步骤:

选择"修改"→"页面属性"命令,在打开的对话框左边的"分类"列表框中选择"外观(CSS)",单击"背景图像"文本框后边的"浏览"按钮,找到要设置为背景的图片,如图 2.57所示。

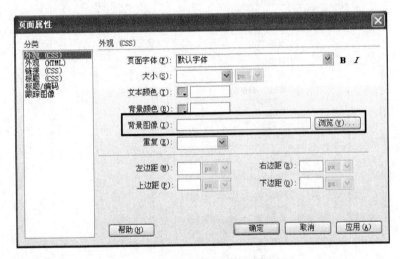

图 2.57 "页面属性"对话框

观察预览效果,如图 2.58 所示,这张图片在网页中重复平铺了,这是由于图片的尺寸比浏览器窗口的尺寸小,浏览器就会平铺图像。如果图片尺寸大于浏览器窗口,那么就不能看到完整的背景图像。可以将"页面属性"对话框中的"重复"改为"不重复",此时背景图像不会平铺。

小提示:

在为网页添加背景时,可以添加一个小的图像文件,接着利用平铺特征来为整个网页铺出一个纹理背景。这样可以很快地下载所需的图片。

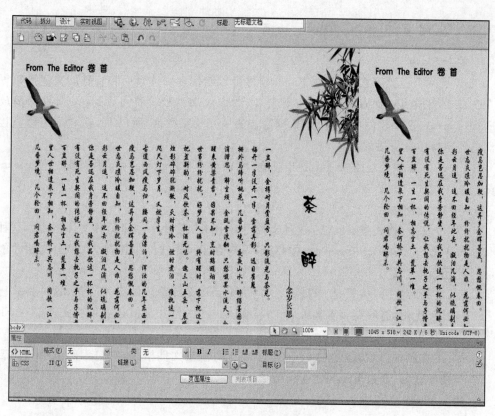

图 2.58　插入背景之后的效果

2.6.7　使用 Photoshop 文件

插入 PSD 文件。

Dreamweaver 可以与 Photoshop 无缝组合。这就是说，在 Dreamweaver 中可以插入 Photoshop 中生成的 PSD 文件。操作方法：选择"常用插入栏"→"图片"命令，在打开的对话框中选择 PSD 文件，"确定"后就可以在 Dreamweaver 里打开"图像预览"对话框，创建一个用于 Web 的图像。

如果图片过大，可以在"文件"选项卡中进行缩放。将图片的各项属性设置好之后，保存到站点文件夹中，以便日后使用。

2.7　在网页中使用多媒体

基础知识：

为了使网页的展示效果更加生动，可以在网页中增加一些多媒体元素，如 Flash 动画、声音等元素。Dreamweaver 中可以非常方便地向网页中添加多媒体元素，同时编辑这些元素。

2.7.1 在网页中插入 Flash 动画

1. 关于 Flash

Flash 是网页三剑客之一,利用 Flash 软件可以制作多媒体页面和特殊的文字按钮等效果。Flash 文件具有存储容量小、放大不失真、图像效果清晰等特点。Flash 文件的播放器是 Flash Player,这个软件可以作为 IE 浏览器的 ActiveX 控件,所以 Flash 动画可以直接在 IE 浏览器窗口中进行播放。

Dreamweaver 中已经附带了 Flash 对象,所以可在 Dreamweaver 中制作一些 Flash 文本或按钮。

Flash 文件的格式:

- Flash 文件(格式是 FLA):这种文件是在 Flash 软件中创建的源文件格式。这种文件不能直接在 Dreamweaver 中打开,只有在 Flash 软件中保存为 SWF 文件才能被使用。
- Flash 影片文件(格式是 SWF):这是由 Flash 文件输出的影片文件,这种格式已经经过了优化,能够在浏览器或者 Dreamweaver 中打开。但是这种格式不能在 Flash 中进行编辑。
- Flash 视频文件(FLV 格式):这是 Flash 的视频文件格式,它包含经过编码的音频和视频数据,通过 Flash Player 传送。

2. 插入 Flash

操作步骤:

(1) 在 Dreamweaver 中确定插入动画的位置。

(2) 在"常用插入栏"中单击"媒体"按钮,在列表中选择 SWF 命令。

(3) 在"选择文件"对话框中选择一个 SWF 文件,此时就可以添加 Flash 文件了。

(4) 单击"确定"按钮,此时在工作区域就出现一个灰色的区域,其中有一个 Flash 标志。此时,灰色区域的尺寸是导入的 Flash 文件的原始尺寸。如果要修改它的尺寸,可以选中 Flash 标志,拖曳右下角的控制点调整大小。

3. 编辑插入的 Flash 文件

可以在"属性"面板中完成 Flash 文件的编辑。"属性"面板中为 Flash 文件命名,设置"循环"和"自动播放"属性,"文件"文本框中设置 Flash 文件的路径,"品质"下拉列表框中设置影片的品质,"比例"下拉列表框中设置显示比例。若需要影片在指定区域内保持它原来的比例并防止失真,可以选择"默认值"。如果需要影片适合设定的尺寸,可以将它的比例设置为"无边框",这样影片在显示时是无边框并且维持原来的长宽比,但是设置后可能发生影片部分被剪裁的情况。若对设置的尺寸不满意,可以单击"重设大小"按钮,将当前设置的影片再恢复到原始尺寸。可以单击右侧的"播放"按钮观看 Flash 影片,如图 2.59 所示。

图 2.59 "属性"面板

2.7.2 插入 Flash 视频和 Flash Paper 文件

插入 Flash 视频。

在 Dreamweaver 中可以轻松地插入 Flash 视频文件。视频文件必须是经过编码的文件,例如 FLV 文件,在文件格式中包含了经过编码的音频和视频数据,可以通过 Flash Player 进行传送。

操作步骤:

(1) 选择"常用插入栏"→"媒体"→"Flash 视频"命令,弹出"插入 Flash 视频"对话框。

(2) 在"视频类型"下拉列表中选择"累进式下载视频",并通过"浏览"按钮找到一个 FLV 格式的视频文件,接着为这个视频文件选择一个播放器皮肤(如图 2.60 所示)。

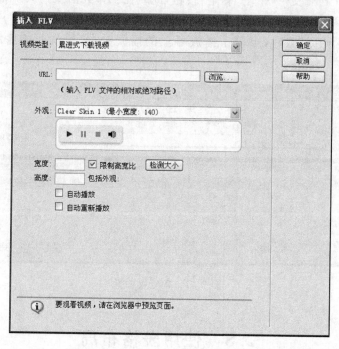

图 2.60　插入 Flash 视频对话框

说明:什么是累进式下载视频。

将 Flash 视频文件下载到访问者的硬盘上,然后进行播放,也可以在下载完成之前就开始播放视频文件。

(3) 对视频的宽度、高度进行设置。如果想获取视频文件原来的尺寸,可以单击"检测大小"按钮。

(4) 如果希望不单击任何按钮就能自动播放,可以选中"自动播放"复选框;如果需要视频文件循环播放,可以选中"自动重新播放"复选框。

(5) 单击"确定"按钮后,FLV 文件就插入到文档中了。

注意:插入的视频文件无法像其他的 Flash 文件一样,可以在 Dreamweaver 中查看内容,必须在浏览器预览的时候才能看到内容。

2.7.3 使用插件添加网页元素

在网页中还可以播放其他格式的视频文件,如 Windows Media 的 AVI 格式文件,QuickTime 的 MOV 格式文件等。它们的插入方法非常相似,下面以 AVI 格式文件为例。

操作步骤:选择"常用插入栏"中的"媒体"→"插件"命令,从计算机中选择一个 AVI 文件,确定之后就可以将这个视频文件插入到页面中。

说明:从"插件"按钮插入的 AVI 文件自身带有播放器,在网页中可以直接单击播放。

也可以在插件中为网页添加音乐文件。

操作步骤:

(1) 选择"插入"→"媒体"→"插件"命令。

(2) 选择一个声音文件,单击"确定"按钮,此时在工作界面上插入了很小的插件图标,可以把它的长度和宽度都调整到合适的大小。

(3) 在浏览器中预览时,当单击播放器上的播放键,音乐就开始播放了,如图 2.61 所示。

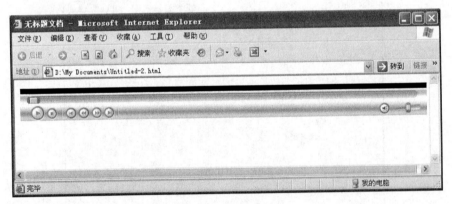

图 2.61 预览效果图

2.8 使用表格布局

基础知识:

网页中的文字、图像和视频等元素需要经过一定的组织,摆放在网页中特定的位置,才能使整个网页看上去结构清楚,不凌乱。这里介绍使用表格来组织网页元素。

2.8.1 页面的布局

在制作网页时,网页的版面布局是需要考虑的非常重要的一个方面。因为它会影响到整个网页的结构,所以一定得慎重考虑。

1. 什么是页面的布局

通俗地讲,就是网页元素放置的位置。经过布局后网页上的各个元素位置都确定下来。

2. 如何进行布局

一般的原则是从简单到复杂,先构造几个主要区域,然后再对这些区域进行细化,这样网页中的区域多了,复杂的网页也就构造出来了。在具体操作时,可以采用从上到下的顺序进行布局。比如,可以先将页面分为三大部分:栏目导航区、主内容区和版权区,如图 2.62 所示。

栏目导航区又可以分为 Logo 区和导航区,主内容区可以细分为左边、中间、右边区域,如图 2.63 所示。

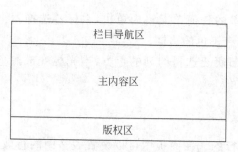

图 2.62 版面设计图

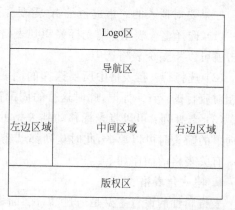

图 2.63 版面设计图

在 Dreamweaver 中可以利用表格很方便地对网页版面进行分割,在不同的单元格中插入不同的网页元素。

3. 表格的介绍

表格里面有很多行和列以及单元格。可以利用这些表格元素,在其中填充不同的内容,制作结构清晰的网页。

2.8.2 使用表格

可以使用下面三种方法插入表格:

(1)选择"插入"→"表格"命令。

(2)按 Ctrl+Alt+T 键打开"表格"对话框。

(3)在"常用插入栏"中单击表格图标,打开"表格"对话框,如图 2.64 所示。

这个对话框中包括三部分内容:表格大小设置,标题的设置,辅助功能。

(1)表格大小设置:可以对表格的基本数据进行设置。"行数"和"列数"用来设置表格的行和列的数目。"表格宽度"可以设置成一个具体的像素值,也可以设置成百分比。"边框粗细"是用来设置表格边框的,如果不希望边框显示,可以设置这个值为 0。"单元格间距"是指单元格和单元格之间边

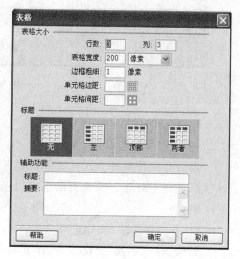

图 2.64 "表格"对话框

Dreamweaver CS6 基础知识

的间距。"单元格边距"是单元格中内容距单元格边的距离。

（2）页眉的设置：用来对表格的标题进行设置。可以选择"无"，表示没有标题。"左边"、"顶部"和"两者"可以将标题设置为左边、顶部、左边和顶部位置。

（3）辅助功能：设置表格的标题，"对齐标题"是对表格的显示位置进行设置，"摘要"部分是对表格的辅助说明。

2.8.3 选择表格

如果要对插入的表格进行编辑，需要先选择表格或者表格的行列和单元格。

（1）选择整个表格：把光标移动到表格外边框处，当鼠标指针变成上下方向的箭头时，单击就可以将整个表格选中。

（2）选择行：在表格中所要选择的同一行里的任何单元格内单击，在标签选择器上单击相对应行的<tr>标记，此时这行的周围都带有黑色的边框。

（3）选择列：可以将光标移动到表格的顶部所要选择的列的上方，当光标变成黑色粗的向下的箭头时可以单击，此时这列都已经选中。

有关表格的操作如下：

1. 格式化表格

表格属性的设置主要是通过"属性"面板进行的。在面板中可以设置表格中的行数、列数、宽度、对齐方式和边框值，如图 2.65 所示。

图 2.65 表格属性设置面板

如图 2.66 所示，当前选择了一个单元格，通过对比，可以发现其中的属性设置与选中整个表格（见图 2.65）的属性完全不同。

图 2.66 "属性"面板

2. 表格的设置

1）对齐方式的设置

表格有两种对齐方式：水平和垂直。水平方向上的对齐方式有左、右、居中和默认。默认状态下是左对齐。垂直方向上可以选择顶端对齐、居中、基线、底部和默认。默认状态下是居中对齐。

2）不换行选项，标题选项

如果选择"不换行"选项时，单元格中的文本超过单元格的宽度，单元格的宽度会撑开，以适应过长的文本。

"标题"选项如果呈选中状态,选中的单元格都将被设置成标题单元格,呈黑色加粗显示。

3)排序的设置

熟悉 Excel 软件的用户都知道,在 Excel 中可以对数据进行排序处理,以方便用户查看数据。Dreamweaver 也有这项功能,对数据表格设置按照字母或数字排列。

操作步骤:

(1) 打开一个待排序的数据表格。

(2) 将光标放置在表格中的单元格中,选择"命令"→"排序"命令,此时打开一个"排序表格"对话框,如图 2.67 所示。在使用对话框进行排序时,可以设置两个关键字:主要关键字和候选关键字。对于主要关键字,首先设置排序是对哪一列进行,在"顺序"下拉列表中选择是按照字母排序还是数字排序,排序有升序和降序。接着可以选择候选关键字排序的方式,它的设置方法和主要关键字的设置相同。

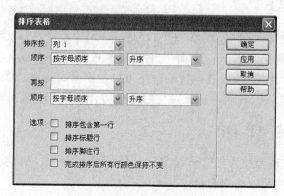

图 2.67 "排序表格"对话框

补充:在 Dreamweaver CS6 中还提供了流体网格布局模式,利用这种模式可以方便地对网页中的元素定位,创建自适应网页内容的系统。操作步骤:通过执行"文件"→"新建流体网格布局"命令来创建,本书 2.11 节详细介绍这种布局模式。

2.8.4 导入表格式数据

在 Word、Excel 中创建的表格,能直接在 Dreamweaver 中使用,直接导入表格文件可以避免重复劳动,提高工作效率。

操作步骤:

(1) 选择"文件"→"导入"→"表格式数据"命令。

(2) 在"导入表格式数据"对话框中添加一个外部已存在的数据文件,并且选择分隔符,设置表格的宽度及单元格的一些属性,确定后在工作区导入一个表格。

2.8.5 导出表格式数据

用户可以在 Dreamweaver 中将制作好的表格式数据导出供其他软件使用。

操作步骤:

Dreamweaver CS6 基础知识

（1）选中需要导出的表格，然后选择"文件"→"导出"→"表格"命令。

（2）在打开的"导出表格"对话框中设置导出的定界符和换行符，选择导出路径。

（3）单击"确定"按钮后即可完成导出操作。

说明：此时导出的文件的扩展名是 CSV。可以通过记事本或 Excel 打开查看该文件。

2.9　使用 AP Div 布局页面

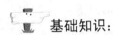 基础知识：

在 Dreamweaver 中，AP Div 可以看作是一个容器，里面放置网页元素。它与层有很多类似之处，但是因为经常与 CSS 结合使用，所以可以看成是层的一个升级。

2.9.1　什么是 AP

AP 元素是一种精确定位（以像素为单位）的 HTML 元素，可以是 AP Div 或其他 AP 元素。可以把 AP 元素看作是一个"容器"，里面放置网页元素（如文本，表格等），将这个"容器"定位在网页上的任何位置，通过位置的调整可以使网页布局更加美观。在 Dreamweaver 中，可以叠放 AP、隐藏 AP，或将 AP 元素与时间轴结合起来产生随时间变化移动的效果。

2.9.2　如何创建 AP Div

操作步骤：选择"布局插入栏"→"绘制 AP Div"命令，此时光标变成了一个十字图标，就可以在工作区中拖曳出一个 AP Div 了。

注意：在操作时，默认状态下一次只能绘制一个 AP Div 元素。如果要绘制多个，可以在选择"布局插入栏"→"绘制 AP Div"命令后，在按住 Ctrl 键的同时在工作区中连续拖曳，就可以绘制多个 AP Div。

2.9.3　AP Div 的操作

1. 选择操作

如果对 AP Div 执行操作，要选中单个 AP Div 元素，方法是单击 AP Div 元素左上角的锚点。选中状态下，AP Div 边框呈 8 个调节手柄控制点，表示此时可以编辑此元素。

注意：如果 AP Div 的左上角没有显示 AP Div 锚点，需要执行"编辑"→"首选参数"命令，在对话框中左侧的"分类"列表框中选择"不可见元素"选项，并在右边"不可见元素"选项组中选择"AP 元素的锚点"复选框，这时 AP 锚点就加载到不可见元素里。接着，可以执行"查看"→"可视化助理"→"不可见元素"命令，使 AP 元素的锚点显示。

选择多个 AP Div 的方法：按住 Shift 键之后，依次单击需要操作的 AP Div 的锚点。

2. 调整大小

当 AP Div 处于选中状态下，光标移动到边框上，鼠标变成双向箭头时，按住光标拖曳可以调节 AP Div 的大小。

其他方法：按住 Ctrl 键，同时按下相应方向键可以改变 AP Div 的大小。每按一次方向键，会调整一个像素的大小。

3. 移动操作

选中一个 AP Div,按住左上角的移动手柄(十字箭头形状)进行移动。

4. 排列 AP Div

如果网页中有多个 AP Div,可能会使页面杂乱无序,影响显示效果,这时可以使用对齐命令来对齐 AP Div。

操作步骤:选中要对齐的 AP Div 元素,然后执行"修改"→"排列顺序"命令,在弹出的子菜单中可以选择"左对齐"、"右对齐"、"上对齐"、"对齐下缘"等操作。通过设置对齐方式,可以使页面有一个整齐的布局。

2.9.4 设置属性

新建一个 AP Div 之后,在"属性"面板中就会显示 AP Div 元素的属性,如图 2.68 所示。

图 2.68 "属性"面板

- CSS-P 元素:指定"AP 元素"的名称,此名称只能由字母和数字组成,不能有中文文字和特殊符号。

- 左、上:设置 AP Div 在页面的位置。左是指定 AP Div 相对于页面或父 AP Div 左边框的位置。上是调整其相对于页面或者父 AP Div 上边框的距离。

- 宽、高:设置 AP Div 的尺寸大小。

- Z 轴:通过此属性设置多个 AP Div 元素的堆叠顺序号。此值可以是正数,也可以是负数。数值大的 AP Div 会出现在数值小的上方。

- 可见性:有 4 个选项可以选择。default 是默认值,表示不指定 AP Div 的可见性,默认是可见的,但也可以被上面的层覆盖。inherit 表示继承,一般用于嵌套 AP Div,表示 AP Div 可以继承其父 AP Div 的可见性。visible 表示无条件的可见。在嵌套关系中,不论父 AP Div 是否可见,AP Div 中的内容都将显示。hidden 表示隐藏,AP Div 无条件不可见。一般可见性和某些行为结合,为网页添加动态的效果。

- 背景图像:为 AP Div 添加一个背景图像。

- 溢出:调整 AP Div 中内容的显示方法。主要是解决 AP Div 中内容超过 AP Div 范围时的问题。设置有 4 个选项,visible 表示显示 AP Div 中的内容,可以通过向下和向右方向的扩展来显示超出范围的内容。hidden 表示对超出范围的内容进行隐藏处理,裁掉超出范围的内容。scroll 表示添加滚动条,无论其中内容是否超出范围都将添加滚动条。auto 表示智能的添加滚动条,只有当内容超出范围才添加滚动条。

- 剪辑:用来设置 AP Div 的可见区域,分别从左、右、上、下 4 个方向输入数值,此时会将指定范围内的内容隐藏。

2.9.5 使用面板

在对 AP Div 进行操作时，会经常用到 AP 面板，打开方法是选择"窗口"→"AP 元素"命令。打开面板（如图 2.69 所示）后可以设置 AP Div 嵌套或层叠，更改 AP Div 的可见性或者选择多个 AP Div。

面板的列表区的左边第一列是显示与隐藏标识，通过单击"眼睛"下方位置来决定 AP Div 是隐藏还是显示，在默认状态下，面板上的 AP Div 都是显示或者继承状态。

第二列显示的是 AP Div 的名称。它和"属性"面板中的 CSS-P 是相同的，如果要更改名称，可以在名称上双击，就可以改变名称。

图 2.69 层面板

第三栏上显示 AP Div 的 Z 轴值，也就是在文档窗口中 AP Div 的叠放顺序。单击 Z 轴项可以修改此值。

2.9.6 使用技巧

在网页中使用 AP Div 布局比使用表格更加灵活，但是由于对于 AP Div 的位置不同浏览器存在一些差异，在实际开发中需要在 AP Div 和表格之间进行转换。

（1）将表格转换成 AP Div。

操作步骤：选择网页中某个表格，执行"修改"→"转换"→"将表格转换为 AP Div"命令，弹出"将表格转换为 AP Div"对话框。

下面对其中的选项进行解释：

- 防止重叠：选中此复选框后，在移动或者调整 AP Div 大小时位置不会重叠。
- 显示 AP 元素面板：完成表格向 AP Div 转换后显示"AP 元素"面板。
- "显示网络"和"靠齐到网络"：转换成 AP Div 后显示网格帮助定位。

图 2.70 "将 AP Div 转换为表格"对话框

（2）将 AP Div 转换成表格。

表格中的单元格是不能重叠的，所以如果要将 AP Div 转换成表格需要设置"防止重叠"选项。

转换的操作步骤：执行"修改"→"转换"→"将 AP Div 转换为表格"命令，弹出图 2.70 所示的对话框。此对话框分为"表格布局"和"布局工具"两部分。

① 表格布局。设置转换的表格属性。

- 最精确：可以为每个 AP Div 创建一个单元格，并且保留原来 AP Div 之间的间隔所必需的附加单元格。
- 最小：合并空白单元：可以设置一个像素值，当需要转换的 AP Div 被定位在这个范围内，AP Div 的边缘将对齐显示。设置的表格将包含比较少的空行和空列。

- 使用透明 GIFs：若选中此复选框，系统会自动在生成的表格最后一行填充透明的 GIF 图像。此时不能通过拖曳表格列编辑生成的表格。
- 置于页面中央：使生成的表格在网页中的中间位置显示。
② 布局工具。设置要转换的 AP Div 的属性。
- 防止重叠：为了防止 AP Div 重叠造成无法转换的情况。
- 显示 AP 元素面板：可以在转换成表格后依然显示 AP Div 面板。
- "显示网格"和"靠齐到网络"：可以使用网格来协助定位。

（3）相对定位的 AP Div。

使用 AP Div 对页面布局存在一定的问题，比如为了让网页能够适应不同的分辨率，通常在制作网页时可以使用百分比来设置网页宽度。使用 AP Div 进行布局，当浏览器大小变化时，AP Div 的位置不随之改变，这样就导致 AP Div 元素与其他元素的位置发生了变化，此时页面反而变得更加杂乱无章。如何解决这个问题？可以通过对 AP Div 设置相对定位和绝对定位来实现让 AP Div 像表格一样根据浏览器的大小而重新定位。

- 绝对定位：这是 AP Div 的默认定位方式。它是从浏览器左上角边缘开始计算位置的。
- 相对定位：AP Div 的位置是相对于页面中某个特定的元素的位置而变化。该元素位置变化，AP Div 的位置也发生了变化。所以，使用相对定位的办法能更好地让 AP Div 适应窗口大小的变化。

设置相对定位的操作步骤：在"设计"视图中选中一个 AP Div，切换到"代码"视图，将 AP Div 的 position：absolute 属性改成 position：relative 就可以了（如图 2.71 所示）。

```
#apDiv3 {
    position: absolute;
    left: 193px;
    top: 104px;
    width: 260px;
    height: 150px;
    z-index: 3;
}
```

图 2.71　修改前的代码

2.10　使　用　CSS

基础知识：

采用 CSS 技术可以有效地对页面的布局、字体和颜色进行精确的控制，所以现在这门技术越来越多的引入到网页设计中。在 Dreamweaver 中，可以方便地创建 CSS 样式，对样式进行编辑。

2.10.1　CSS 样式简介

CSS 样式用来控制文档中某个文本区域外观的属性格式，比如字体、大小和颜色，还可以控制表格、AP Div 等的显示效果。

2.10.2　CSS 的分类

在 Dreamweaver 中有 4 种样式表类型：

- 类样式：可以使用到任何的标签中。主要用来设置文本或者文本块的属性。

- ID样式：与类样式相似，可以应用到任何的标签中，但是此样式在网页中只能使用一次。
- 标签：用来重定义特定标签的外观。当更改一个 HTML 标签的样式时，所有使用该标签的文本都得到了更新。
- 复合内容：可以重新定义特定标签组合的格式或重新定义包含特定 ID 属性的所有标签的格式。

2.10.3 CSS 规则的保存形式

用户自定义的 CSS 规则可以保存在外部的 CSS 文件中，也可以保存在某个网页中（这种形式被称为嵌入式样式表）。

- 外部的 CSS 样式表：多个样式保存在一个独立的 CSS 文件中，通过链接或者导入可以被多个网页使用。
- 嵌入式样式表：将 CSS 规则定义在文档头标记中的＜style＞…＜/style＞标记中。

2.10.4 如何创建 CSS

使用 CSS 样式之前必须新建 CSS 样式，在 Dreamweaver 中提供了方便快捷的方法来设置样式。

创建的方法：新建一个空白的 HTML 文档，选择"窗口"→"CSS 样式"命令，将打开一个 CSS 面板，如图 2.72 所示。

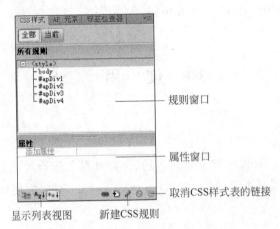

图 2.72 "CSS 样式"面板

单击"CSS 面板"中的全部按钮，然后单击右下角的"新建 CSS 规则"按钮，出现"新建CSS 规则"对话框，如图 2.73 所示。

在"选择器类型"中可以设置 CSS 样式的类型，为了使创建的样式能应用到各种标签上，此时选择"类"。在名称框里输入新建 CSS 样式的名称，这个名称可以是字母和数字的组合，最好不用汉字。

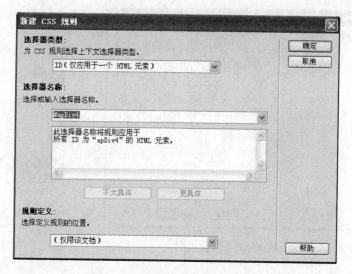

图 2.73　"新建 CSS 规则"对话框

　　"规则定义"中有两个选项,可以定义为"新建样式表文件",表示用户新建一个外部的样式表文件;也可以定义为"仅限该文档",表示新建的 CSS 样式只能应用于这个文档中。

　　如果选择了"新建样式表文件",会弹出"保存样式表文件为"对话框,可以为 CSS 文件选择保存路径及文件名(如图 2.74 所示)。

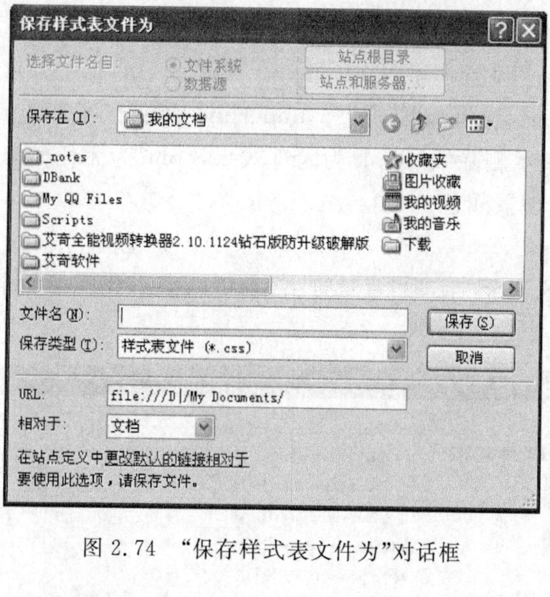

图 2.74　"保存样式表文件为"对话框

　　输入文件名保存之后,紧接着系统自动打开了定义规则的对话框(如图 2.75 所示),在此对话框中可以对规则进行设置。

　　设置字体属性或背景属性,单击"确定"按钮之后,看到在 CSS 面板中多出了一些规则,如图 2.76 所示。

　　现在分别介绍对话框左边"类型"、"背景"和"区块"等 8 种分类中的类型设置。

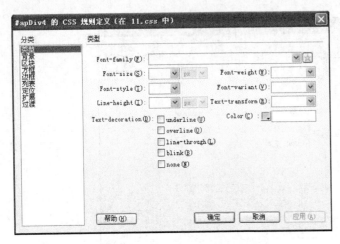

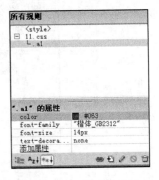

图 2.75　规则定义对话框　　　　图 2.76　CSS 样式属性列表

1. 类型分类介绍

- Font-family：设置文字的字体。
- Font-size：指定文字大小。可选点或像素为单位。
- Font-weight：文字粗细设置。可选粗、细、正常。
- Font-style：文字的样式设置。可选"正常"、"倾斜"等样式。
- Font-variant：文字的变体。
- Line-height：设置行高。
- Text-transform：设置大小写。
- Text-decoration：设置修饰效果。underline 表示有下划线，overline 表示上划线，line-through 表示删除线，blink 为闪烁效果，none 为无任何修饰。
- Color：为文本设置颜色。

2. 背景分类介绍

在背景分类中定义 CSS 样式的背景，此背景可以应用到任何元素中，如表格、层等。设置如图 2.77 所示。

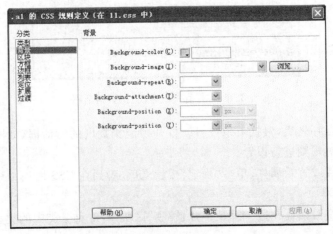

图 2.77　规则定义的分类类别

- Background-color：设置背景颜色，可以通过调色板来设置颜色。
- Background-image：加入背景图。
- Background-repeat：确定背景的重复方式，有水平和垂直都重复、横向重复、纵向重复3种方式。
- Background-attachment：表示背景图像是否随着滚动条而滚动，若设置为 fixed，表示固定背景。也就是滚动条滚动后背景图像位置固定不动。
- Background-position：设置背景图像的水平位置和垂直位置。

3. 区块分类介绍

区块分类设置如图 2.78 所示。

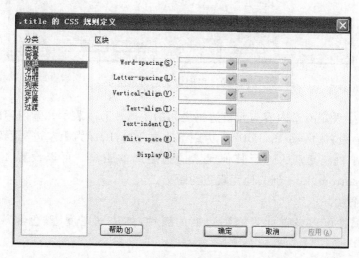

图 2.78　规则定义的区块分类

区块分类中有如下设置：

- Word-spacing：用来设置单词之间的距离，可以选择单位的值。
- Letter-spacing：可以增加或者减少字母或字符的间距。
- Vertical-align：设置元素的垂直对齐方式。只有在<img>标记设置此属性才有效果。
- Text-align：设置文本对齐方式，可以设置"左对齐"、"右对齐"、"居中对齐"等属性。
- Text-indent：设置第一行文本的缩进程度。负值表示文本凸出。
- White-space：用来设置如何处理元素中的空格，"正常"表示收缩空格；"保留"表示保留原来的空白，包括空格、制表符和回车键；"不换行"表示只有遇到 br 换行标记才换行。
- Display：用来设置是否显示元素以及如何显示元素。

4. 方框设置

利用方框属性可以设置元素在页面上的位置的属性，如图 2.79 所示。

- Width 和 Height：设置元素的宽度和高度。
- Float：表示浮动，设置元素先对其他元素在哪个边围绕浮动，可以设置为左浮动或者右浮动。
- Clear：表示清除，定义不允许出现层的边。

Dreamweaver CS6 基础知识

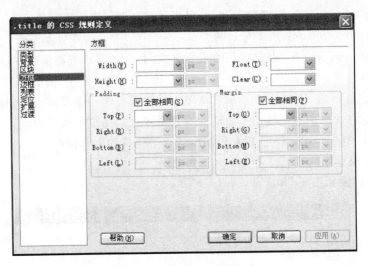

图 2.79　规则定义的方框分类

- Padding：设定元素内容与元素边框之间的距离。Top 表示元素内容距上边框距离，Right 为距右边框距离，Bottom 为距下边框距离，Left 为距左边框距离。
- Margin：确定元素的边距其他元素的边之间的距离。可以设置 4 个边，即 Top、Right、Bottom、Left 到其他元素边的距离。

5. 边框设置

利用方框属性可以设置元素周围边框的属性，如边框宽度、颜色和线型，如图 2.80 所示。

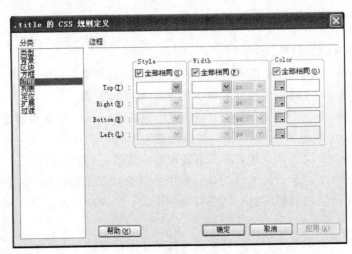

图 2.80　规则定义的边框分类

- Style：设置边框的样式，可以选择设置成 solid（实线）、dashed（虚线）。取消对"全部相同"复选框的勾选可以设置元素各个边的边框样式，Top 表示上边框，Right 为右边框，Bottom 表示下边框，Left 为左边框。
- Width：设置元素边框的粗细，可以为 4 个边分别设置不同的粗细。

- Color：设置边框的颜色，也分别设置边的颜色。

6. 列表设置

通过列表可以为列表标签定义外观效果，如图 2.81 所示。

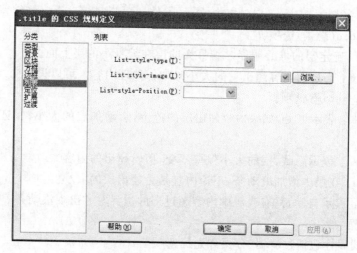

图 2.81　列表样式定义

可以进行如下设置：

- List-style-type：设置项目符号或编号的外观。
- List-style-image：为项目符号制定自定义图像。
- List-style-Position：设置列表项文本是否换行和缩进。

利用列表设置可以一次性将多个项目列表设置为同一种样式。

7. 定位设置

可以方便地对页面上元素的位置进行精确控制，如图 2.82 所示。

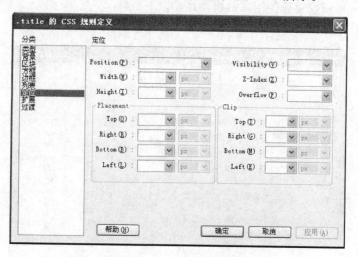

图 2.82　规则定义的定位分类

- Position：确定浏览器如何来定位层。有 4 个选项供选择，分别是 absolute（绝对定位）、fixed（锁定）、relative（相对定位）和 static（静态定位）。"绝对"设置会以页面左上角为基准,通过在定位选项中设置上、下、左、右 4 个间距来定位层。"相对"定位是相对于元素所在的父元素来定位,也可以设置 4 个间距来定位。"静态"定位会把层放到元素在文档的文本中的位置。

- Visibility(显示):确定层的初始显示条件。可以选择 inherit(继承)、visible(可见)、hidden(隐藏)选项。
- Z-Index:确定层的堆叠顺序。编号大的层在编号小的层上面。
- Overflow:当层的内容超出它的大小时如何处理内容。可以设置为 visible、hidden、scroll 和 auto 等选项。
  - visible:表示可见,如果内容超出层的范围,会增加层的大小,保证内容都能显示完整。
  - hidden:表示隐藏,层的大小保持不变,剪辑超出的内容。
  - scroll:在层中增加滚动条,不论内容是否超出层的大小。
  - auto:表示自动,只有当层中内容超过层的边界时才出现滚动条。

8. 扩展设置

"扩展"样式属性包括过滤器、分页和光标选项。

- Page-break-before:表示之前分页。
- Page-break-after:表示之后分页。
- 分页:打印时在所控制对象之前或者之后强行分页。
- Cursor:当光标位于对象上时改变的指针图像。
- Filter:对对象应用特殊效果,比如模糊和反转等效果。现在对一些特殊效果进行说明。
  - Alpha:用来设置倾斜区域的不透明度。
  - BlendTrans:使图像在制定的时间内渐渐出现或渐渐消失。
  - Blur:可以设置模仿图像的模糊运动。

扩展对话框如图 2.83 所示。

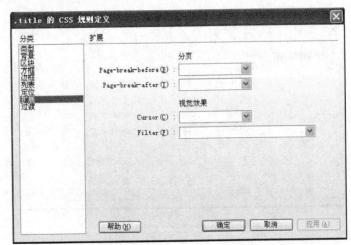

图 2.83 扩展规则定义

2.10.5 应用 CSS 样式

应用制作好的 CSS 样式的操作方法为：文档窗口中选中要套用格式的对象（如文本、图像等元素），打开 CSS 面板，选择样式后，在样式面板的右上角选择 ▦ 按钮，从弹出的列表中选择"套用"命令，这样可以为所选的内容增加样式。

2.10.6 附加样式表

如果需要使用已经定义好的外部样式文件，可以通过附加方式进行设置。

操作步骤：

（1）打开样式面板，在面板的右下角单击"附加样式表"按钮 ▨ 。

（2）弹出的对话框中可以对附加的样式表进行设置。

（3）单击"文件/URL"后面的"浏览"按钮，找到一个已经制作好的样式文件进行添加。

（4）选择"链接"或"导入"方式添加。"链接"方式会创建当前文档和外部样式表文件之间的链接。"导入"方式就是引入外部样式表。这两种方式用户可以任选一种。

（5）单击"确定"按钮后就可以完成外部样式表的附加，此时在 CSS 样式面板中可以看到附加的样式表。

2.10.7 标签

"新建 CSS 规则"对话框中第二种类型是"标签"，主要针对 HTML 语言中的各种标签来制定。当选择"标签"类型后，在"标签"下拉列表中选择 HTML 中的标签重定义其样式。定义样式的操作与前面讲的类样式的操作基本一致。唯一的不同在于，如果重定义了标签，此时网页中的标签对象的显示效果会随着标签样式的变化而变化，不需要手动应用标签。

2.10.8 复合内容

"复合内容"选项用来为某个 HTML 组合或所有包含特定 ID 属性的标签定义样式。用户可以在文本框中输入多个标签，用逗号作为间隔。"复合内容"的"伪类"和"伪元素"也很实用，伪类的状态在用户操作时会动态的发生变化，或者随着时间的变化而产生不同的输出效果。在下拉列表中可以看到 4 个选项，如下所示。

- a:link：定义超链接没有访问时的样式。
- a:visited：定义用户访问过后的样式。
- a:hover：定义鼠标指针指向时的显示状态。
- a:active：定义鼠标按下时的样式。

这 4 个样式可以选择其中一个或多个进行设置，但是最好按照顺序（上面列出的顺序）进行设置，否则有些效果可能显示不出来。

2.11 使用流体网格布局

随着网络技术的不断进步，终端设备越来越丰富，但是这些设备如平板计算机、智能手机等所支持的分辨率是不同的。当网页采用统一的页面尺寸设计，在较小的屏幕上浏览时必须通过拖曳滚动条才能看到整个网页的内容,用户体验很不友好。为了解决这个问题,有人提出了全新的设计理念——"响应式 Web 设计"。这种理念要求页面的设计和开发根据用户所使用的设备进行相应的调整。也就是说,由页面自动响应用户的设备。在 Dreamweaver CS6 中提供了这种响应式 Web 设计工具——"流体网格布局"。

2.11.1 什么是流体网格布局

流体网格布局是网格布局的一种。网格是用竖直或者水平的分割线对布局进行分块,把边界、空白和栏都包括在内,用来组织内容的一种方法。这种布局方法通常用在印刷业中。现在把这种布局引入到网页设计当中。利用网格安排页面元素时,可以更加精确和连贯,减少页面设计的不确定性,提高工作效率。目前也有一些比较专业的网格开发的框架,如 Blueprint、Tiny Fluid Grid 等。

流体网格布局指的是用不固定的网格,不固定的布局和多媒体使网页的内容能够适应不同尺寸的屏幕。就像水这种流体不论是盛在什么大小的杯子里,都可以保持它的品质,不会流到杯子外面。

Dreamweaver CS6 中使用流体网格布局工具可以制作自适应网站载体的系统。这个工具提供了平板计算机、移动设备和计算机三种布局和排版规则,每一种都是单一的网格系统,让我们不编写一行代码就可以创建自适应的网页内容。

2.11.2 使用流体网格布局

使用流体网格布局的关键在于前期策划,可以先使用如 Photoshop 软件绘画网页在智能手机、平板计算机、普通桌面显示器的布局效果,根据这三种设备的不同网格框架来设计页面。

1. 创建流体网格布局

Dreamweaver CS6 提供了三种创建流体网格布局的方式。操作方法:执行"文件"→"新建流体网格布局"命令创建一个页面。当然,也可以通过选择"文件"→"新建"命令,在"新建"对话框中选择"流体网格布局"。通过上面的两种方式都可以打开"流体网格布局"对话框,如图 2.84 所示。

流体网格布局默认显示三种网格方案,分别是移动设备、平板计算机和桌面计算机。

移动设备默认为 5 列网格,网格的宽度占总页面的 91%,最大宽度为 480 像素;平板计算机默认最大宽度为 768 像素,8 列网格,网格总宽度占设备屏幕宽度的 93%;桌面计算机默认 10 列网格,最大宽度为 1232 像素,网格总宽度占屏幕宽度的 90%。列与列的间隙是列宽的 25%,文档类型是 html5。

通过单击网格中的数值可以更改网格的列数,这里不修改默认值,单击"创建"按钮,此时会弹出"将样式表文件另存为"对话框,要求保存系统生成的样式表文件,在对话框中为样式表命名并且保存在合适的位置,如图 2.85 所示。

单击"保存"按钮,系统将创建一个背景透明、有红色边框网格的网页,此网页会自动链接至刚才保存的样式文件,并且会链接系统自动生成的样式文件 boilerplate. CSS(重置浏览器样式文件)和 JavaScript 文件 respond. min. js(执行页面响应命令)。将视图切换到代码视图,查看这三个文件的链接语句,如图 2.86 和图 2.87 所示。

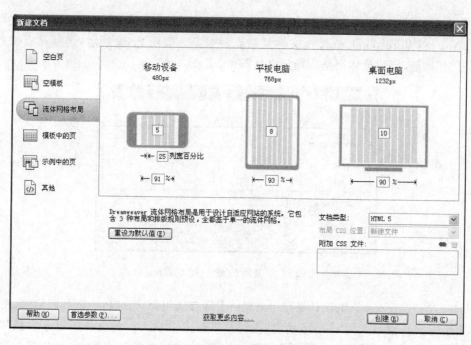

图 2.84 流体网格布局对话框

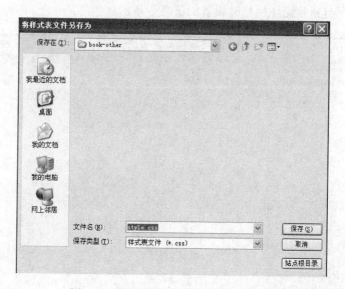

图 2.85 "将样式表文件另存为"对话框

```
<script src=
"file:///C|/Program%20Files/Adobe/Adobe%20Dreamweaver%20CS6/zh_CN/Configuration/BuiltIn/Fluid%20Grid%20Layout/respond.min
js"></script>
</head>
```

图 2.86 使用外部的 JS 文件

```
<link href=
"file:///C|/Program%20Files/Adobe/Adobe%20Dreamweaver%20CS6/zh_CN/Configuration/BuiltIn/Fluid%20Grid%20Layout/boilerplate
css" rel="stylesheet" type="text/css">
<link href="file:///E|/book-other/style.css" rel="stylesheet" type="text/css">
```

图 2.87 链接两个样式文件

执行"文件"→"保存"命令，为当前的网页设置保存路径和文件名，系统提示复制 boilerplate.css 和 respond.min.js 文件到站点目录下。如图 2.88 所示，选择站点文件夹，单击"复制"按钮，完成流体网格布局的文件部署。

图 2.88 "复制相关文件"对话框

此时，在 Dreamweaver 的设计视图中出现一个带有透明背景、红色边框的网格，如图 2.89 所示，显示的网格数是 5，默认是移动设备视图，可以通过状态栏的设备图标来切换移动设备、平板计算机或桌面计算机。当切换到不同的设备上时，页面上出现的红色网格的数目是不同的，这个数字与新建流体网格时设置的值是一致的。

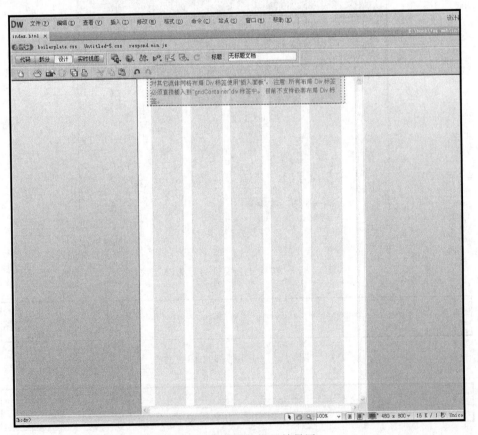

图 2.89 流体网格布局效果图

查看源代码会发现,在 Dreamweaver 中自动创建了一个 Div 对象,此对象应用了 gridContainer 样式,并在此对象中生成了一个 id 是 LayoutDiv1 的层,如图 2.90 所示。

```
<body>
<div class="gridContainer clearfix">
<div id="LayoutDiv1">对其它流体网格布局 Div 标签使用"插入面板"。注意:所有布局 Div 标签必须直接插入到"gridContainer"div
标签中。目前不支持嵌套布局 Div 标签。</div>
</div>
</body>
</html>
```

图 2.90　代码视图中查看层的属性

此时不需要 LayoutDiv1,可以在设计视图中选中此 Div 按 Del 键进行删除操作。

根据提示,所有的布局 Div 标签必须直接插入到 gridContainer Div 标签中。

将光标停留在 gridContainer Div 标签内部,回到"设计视图",选择"插入"→"布局"→"插入流体网格布局 Div 标签" 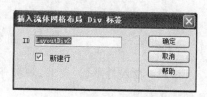,打开"插入流体网格布局 Div 标签"对话框,如图 2.91 所示。也可以通过选择"插入"→"布局对象"→"插入流体布局网格 Div 标签"命令打开这个对话框。

图 2.91　"插入流体网格布局
Div 标签"对话框

在这个对话框中输入 ID 为 header,选择"新建行"复选框。单击"确定"按钮后,创建页面头部标签。

接着把光标置于 header Div 中,重复执行"插入流体布局网格 Div 标签",此时新建 ID 为 logo 和 nav 的 Div,分别用来存放网页中的 Logo 和导航条,新建时不勾选"新建行"复选框表示新建的 Div 与之前的 Div 在同一行。完成的效果如图 2.92 所示。

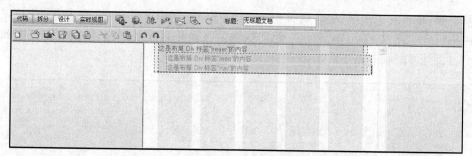

图 2.92　插入三个流体布局网格 Div 标签的效果图

如果在浏览器窗口中预览,网页中不会显示红色的网格,如图 2.93 所示。

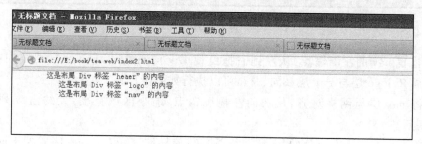

图 2.93　浏览器窗口中预览的效果图

Dreamweaver CS6 基础知识

这时,在 Div 中添加一些内容,如在 Logo 中插入一个茶品文化网站标志图片,在 nav 中插入导航项目,如图 2.94 所示。

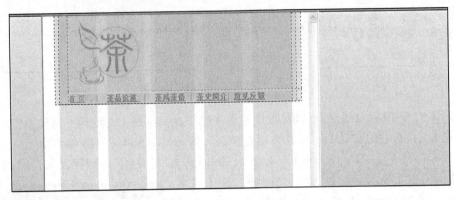

图 2.94　插入内容后的效果

注意:插入对象(如图片、视频等)的宽度和高度属性都要去掉,否则流体网格布局不能自动调整对象大小。

2. 使用流体网格布局

填充内容后切换状态栏上的设备按钮,此时发现网页基本一样,只是宽度不同,接下来根据不同设备重新布局页面内容。

单击状态栏的桌面计算机图标,切换到桌面计算机视图下。如果希望 Logo 和导航条在同一行,可以调整这两个 Div 的宽度和位置。单击 Logo 图层,当出现带 6 个控制锚点的蓝色边框时,单击左上角的"单击以将 Div 与网格对齐"按钮会自动去除左边距,使该区域自动与网格对齐。拖曳 Logo 区域的右侧锚点,向左拖曳可以改变该区域的宽度,拖曳到网格附近可以自动吸附到网格上。如图 2.95 所示,拖曳 Logo 区域。

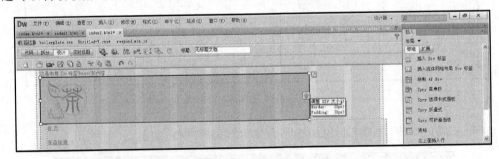

图 2.95　改变 Logo 层的大小

继续拖曳 nav 的左侧锚点,从左到右拖曳使 Div 向右移动,Div 会自动增加右边距大小。如果希望 logo 层与 nav 层在同一行,可以执行如下操作:

(1) 将 nav 层与网格对齐,从右向左拖曳锚点,缩小区域宽度,大约占 3 列网格,如图 2.96 所示。

(2) 单击导航区域右上角的"上移一行"按钮,使导航区域和 Logo 区域处于同一行,如图 2.97 所示。

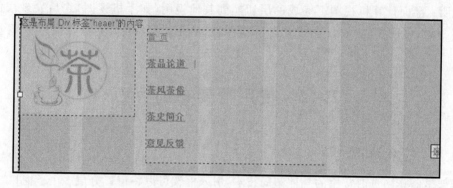

图 2.96　改变 nav 层的边距

图 2.97　将两个区域移动到一行

（3）调整后,执行"文件"→"保存全部"命令保存所有的文件。

预览效果如图 2.98～图 2.100 所示。

图 2.98　移动设备查看效果

图 2.99　平板计算机查看效果

Dreamweaver CS6 基础知识

图 2.100　桌面计算机显示效果

　　说明：桌面计算机视图下完成的层切换到其他视图（如手机视图）之后发现层的位置发生了变化，说明层的大小超出了当前视图默认的宽度，可以在当前视图下调整层的位置。

2.12　使用框架布局页面

2.12.1　什么是框架

　　框架是制作网页时常用的一种布局技术，引入框架可以将窗口分成多个子窗口，每个子窗口可以显示不同的网页文档，文档之间毫无关联，且文档中有自己的布局、内容。

　　包含框架结构的网页通常由两部分构成：一部分是定义嵌入网页的文档，称为框架集文件；另一部分是由网页构成的浮动框架文件。

　　框架集用来定义框架结构，具体包括框架的数目、框架的尺寸、框架页面的来源以及其他一些属性信息。

2.12.2　创建框架和框架集

1. 新建框架集网页

　　操作步骤：在页面中选择插入位置后，在"插入"菜单→"HTML"→"框架"中选择框架。列表中显示了多种框架结构及预览，方便用户预览框架效果。

　　当选择了某一种框架结构后，会弹出一个对话框提示用户输入框架辅助功能属性，需要为每个框架设置标题（如图 2.101 所示）。

2. 为某个网页应用框架

　　如果用户已经创建了普通的网页文件，可以打开这个文件，选择"插入"→"HTML"→"框架"命令，在弹出的列表中选择相应的框架类型，就可以将框架应用到网页中。

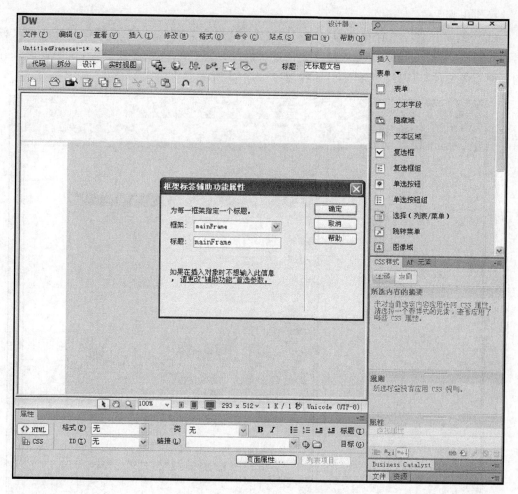

图 2.101 插入框架结构截图

2.12.3 框架的基本操作

1. 选择框架集、框架页

在编辑框架集和框架页之前,首先应该选中相应的框架集或框架页。

选中框架集的操作步骤:选择"窗口"→"框架"命令,打开"框架"面板,如图 2.102 所示。

在这个面板中可以方便地选择框架集或框架页。操作步骤是单击框架的外侧边框可以选中整个框架集,单击框架中的某个部分可以选中相应的框架。

2. 保存含框架结构的网页

框架网页的保存比普通网页的保存要复杂,在保存网页时需要分别保存框架集文件和框架页面。例如,一个有上下两个

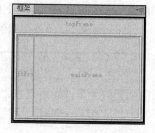

图 2.102 "框架"面板

框架页的框架本身是由三个网页文件组成,包括框架集网页、上框架页和下框架页,因此在保存时要分别对这三个网页进行保存,以便网页可以在浏览器中正常显示。

Dreamweaver CS6 基础知识

操作步骤：

(1) 选择"文件"→"保存全部"命令，在打开的"另存为"对话框中选择保存路径和文件名。注意，此时 Dreamweaver 的窗口会将整个框架以黑色粗线条虚线显示，说明此时保存的是框架集文件，可以用 frameset 命名，如图 2.103 所示。

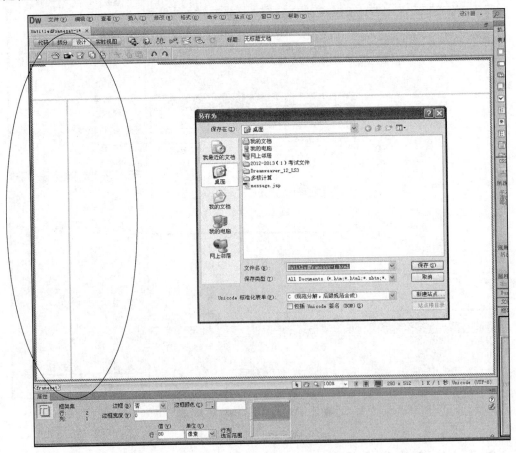

图 2.103　保存框架截图

(2) 单击"确定"按钮后，第二次弹出"另存为"对话框，如图 2.104 所示。在图中椭圆形线条括着的区域就是当前所保存的框架文件，即框架右边部分，根据黑色虚线的提示可以为其设置路径和文件名，将文件命名为 right。

(3) 再次单击"确定"按钮后回到代码视图，可以看到如下代码。

```
<frameset rows="80,*" cols="*" frameborder="no" border="0" framespacing="0">
  <frame src="../../../Program Files/Adobe/Adobe Dreamweaver CS6/UntitledFrame-11" name="topFrame" scrolling="no"
noresize="noresize" id="topFrame" title="topFrame" />
  <frameset cols="80,*" frameborder="no" border="0" framespacing="0">
    <frame src="../../../Program Files/Adobe/Adobe Dreamweaver CS6/UntitledFrame-12" name="leftFrame" scrolling="no"
noresize="noresize" id="leftFrame" title="leftFrame" />
    <frame src="right.html" name="mainFrame" id="mainFrame" title="mainFrame" />
  </frameset>
</frameset>
```

说明：圈着的文件名就是刚才保存的文件，其余的框架文件是系统自动生成的，保存在站点文件夹中（若未定义站点则自动保存在 Dreamweaver 安装路径下）。如上图左框架文

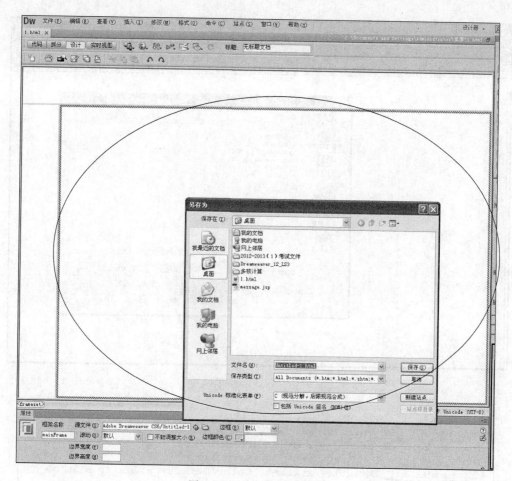

图 2.104 "另存为"对话框

件默认名字是 UntitleFrame-11.html,右框架文件名字是 UntitleFrame-12.html。

(4)重命名框架文件。当在某个框架上编辑信息后,如在左框架中输入"星期一"后,单击"文件"→"保存框架",打开"另存为"对话框(如图 2.105 所示),选择当前框架文件的保存路径,修改文件名为 left.html(此时文件名不再是 UntitleFrame-11.html)。在图 2.106 中可以看到代码视图中 leftframe 的 src 属性发生了变化。

3. 编辑框架属性

框架集和框架页都是网页中的显示对象,用户可以通过 Dreamweaver 属性面板进行设置。

Dreamweaver 将框架分为水平和垂直框架,将这两种框架进行组合和拆分构成更加复杂的框架集。在编辑框架的属性时,对这两种框架分别设置。

1)编辑垂直框架

垂直框架是上下拆分的框架。选择了垂直框架后,在"属性"面板中设置框架的行属性值,如图 2.107 所示。

框架集主要包括边框属性、列宽属性和选定框架范围属性。单击选定框架集,属性面板设置边框和列宽度。现在对其中的属性作详细说明:

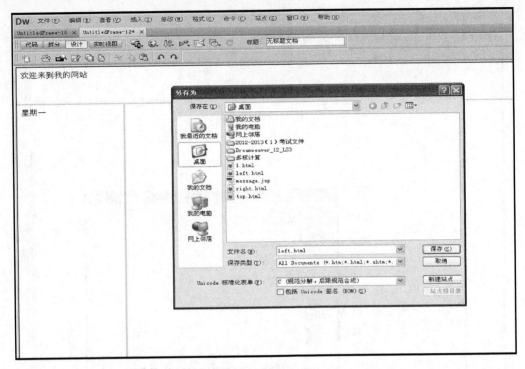

图 2.105 "另存为"对话框

```
<frameset rows="80,*" cols="*" frameborder="no" border="0" framespacing="0">
  <frame src="top.html" name="topFrame" scrolling="no" noresize="noresize" id="topFrame" title="topFrame" />
  <frameset rows="*" cols="207,*" framespacing="0" frameborder="no" border="0">
    <frame src="left.html" name="leftFrame" scrolling="no" noresize="noresize" id="leftFrame" title="leftFrame" />
    <frame src="right.html" name="mainFrame" id="mainFrame" title="mainFrame" />
  </frameset>
</frameset>
```

图 2.106 属性面板中代码发生变化

图 2.107 垂直框架的"属性"面板

- 边框：可以选择"是"、"否"、"默认"。"是"定义该框架始终显示边框；"否"表示该框架始终隐藏框架边框；"默认"状态下会根据继承的父框架属性决定显示或者隐藏边框。
- 边框颜色：定义边框的颜色。
- 边框宽度：定义边框宽度值。
- 行值：给出选定的框架的宽度。可以选择单位为"像素"、"百分比"或者"相对单位"。

2）编辑水平框架

水平框架是左右拆分的框架。在选定水平框架后，同样可以在"属性"面板中设置框架集的属性。它的属性设置大体与垂直框架类似，但其预览效果有所区别。

3）编辑框架页属性

用户还可以编辑选定的框架页属性。在框架面板中选择一个框架页，然后在"属性"面板中设置该框架页的属性，如图2.108所示。

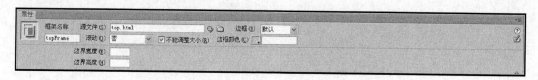

图 2.108   特定框架页的"属性"面板

在框架页的属性中主要包括以下设置：
- 框架名称：定义该框架的标题属性。
- 源文件：定义该框架引用的网页文档路径。
- 滚动：定义该框架是否显示滚动条。可以设置成"是"、"否"、"自动"或者"默认"。
- 不能调整大小：不允许用户在浏览器中改变框架的大小。
- 边框：定义框架的边框是否显示。
- 边框颜色：为边框设置颜色。
- 边界宽度：以像素为单位定义框架与左右边框之间的距离。
- 边界高度：以像素为单位定义框架与上下边框之间的距离。

4. 编辑框架链接

在默认状态下，框架集网页会加载预置的框架页。单击任何一个框架页中的超链接后，将根据超链接的目标位置打开一个新页面。如果用户要将页面在框架集的指定框架中打开，可以编辑框架链接属性，操作步骤是选中链接的对象后，通过"属性"面板中的"目标属性"定义替换的框架名称。可以选择_blank、_self、_top 和_parent 这 4 种默认属性，也可以选择框架页的名称。如图 2.109 所示，为左框架中的文字"星期一"设置一个空链接，目标设为 top。

5. 创建嵌套框架集

在 Dreamweaver 中有十余种框架集，如左侧框架、右侧框架等。如果用户需要创建更加复杂、包含更多框架页的框架集，可以使用嵌套框架集技术，在框架集网页的框架中继续进行拆分，创建更个性的框架。

操作步骤：建立一个框架集，为框架集中的某个框架建立新的框架集。如现在已经有一个顶部框架集，可以把光标放在下方的 Bottom 框架中，执行"插入"→HTML→"框架"→"右对齐"命令，插入一个左右框架集，实现框架的嵌套。

6. 创建嵌入式框架

嵌入式框架是一种特殊的框架页，与其他框架页不同，嵌入式框架对框架集网页没有依赖性，它可以存放在任何的网页文件中，以类似图像的方式显示外部网页文档的内容。

Dreamweaver CS6 基础知识

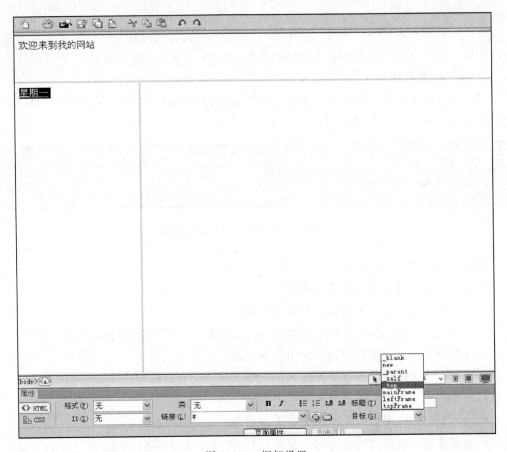

图 2.109　框架设置

（1）插入嵌入式框架。

操作步骤：新建或打开网页文件，执行"插入"→HTML→"框架"→IFRAME 命令，此时在光标所在位置插入框架。

（2）编辑嵌入式框架。

在插入嵌入框架后，选中嵌入框架，执行"窗口"→"标签检查器"命令，打开"标签检查器"面板，面板的"常规"选项下提供了嵌入式框架的各种属性，如图 2.110 所示。

- align：设置嵌入式框架显示在父标签的位置。
- frameborder：设置嵌入式框架的边框是否显示。
- height：设置嵌入式框架的高度，此选项不推荐使用。
- marginheight：定义嵌入式框架与父框架顶端和底部的边距。
- marginwidth：定义嵌入式框架与父框架左右的边距。
- name：定义嵌入式框架的名称。
- scrolling：定义嵌入式框架是否显示滚动条。
- src：定义嵌入式框架引入的网页文档的路径。

图 2.110　嵌入式框架属性面板

• width：定义嵌入式框架的宽度。

注意：框架集在操作时很容易出错，一定要随时清楚当前操作的是框架集还是框架文件。

2.13 使用模板和库

基础知识：

模板是 Dreamweaver 提供的一个快速制作网页的工具。

在 Dreamweaver 中提供了两种创建网页模板的方式：一种是直接创建空白模板，通过插入各种网页元素和模板标签来完成模板；另一种是将已创建的网页保存为模板，然后为模板添加特殊的标记来实现模板的功能。

2.13.1 创建模板

1. 从"新建文档"对话框中创建模板文件

操作步骤：选择"文件"→"新建"命令，在弹出的"新建文档"对话框中选择"空白页"，设置"页面类型"为 HTML 模板，布局为"无"，其余选项默认，单击"创建"按钮，此时创建了一个空白的网页模板。

执行"文件"→"保存"命令，如果模板中不含可编辑区域（如图 2.111 所示），则在弹出的对话框中单击"确定"按钮。

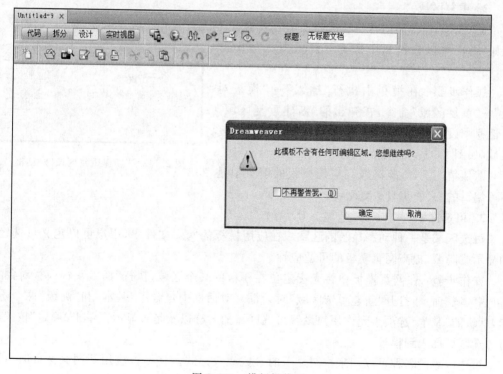

图 2.111 模板操作图

单击"确定"按钮后,在弹出的"另存为"对话框中选择模板所保存的位置(应该在站点文件夹中)和模板的名称,单击"保存"按钮,此时完成了模板的创建。

2. 将网页保存为模板

可以将普通的网页保存为模板文件,然后将其放置到站点中进行应用。

操作步骤:打开网页文档后为文档插入编辑区域,如可编辑区域,然后执行"文件"→"另存为模板"命令,打开"另存为模板"对话框,在对话框中选择站点,在现存的模板中可以浏览站点中包含的所有模板。在"另存为"文本框中输入当前这个模板的名称,单击"保存"按钮将当前的网页保存为该站点中的模板。系统询问是否更新链接,单击"是"按钮,Dreamweaver将模板中的链接路径更新。

2.13.2 编辑模板

Dreamweaver 模板包括锁定区域、可编辑区域、重复区域、可选区域、可编辑的可选区域和重复表格等。

1. 锁定区域和可编辑区域

锁定区域是不允许用户编辑的内容区域,通常用于显示模板中各种不会发生变化的内容,如网页的布局、Logo、导航条和版尾等。锁定区域是模板的默认区域,如果在创建的模板中不添加其他区域,默认就是锁定区域。

可编辑区域是在应用模板时允许用户自由编辑的内容区域,主要用于显示各种可变化、需要根据页面变化的内容。在编辑时,需要用户手动添加可编辑区域,否则同一个模板生成的页面是千篇一律的。

2. 重复区域

重复区域包含的内容与普通的锁定区域相同,但是允许用户改变这些内容显示的次数。比如,用户可以在模板中快速复制重复区域中的内容。

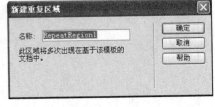

操作步骤:在模板中执行"插入"→"模板对象"→"重复区域"命令,在弹出的"新建重复区域"对话框中设置重复区域的"名称"后,可以设置重复区域(如图 2.112 所示)。

图 2.112 "新建重复区域"对话框

默认情况下,重复区域在应用模板的网页中是不可编辑的,只能重复地复制。

3. 可选区域

可选区域是一种动态显示的区域。在应用模板的网页文件中,用户可以定义可选区域的显示或隐藏,提高网页模板的可适应性。

操作步骤:在网页模板中将光标定位在模板的某个区域,执行"插入"→"模板对象"→"可选区域"命令,打开"新建可选区域"对话框。对话框中包含了"基本"和"高级"两个选项卡,默认的"基本"选项卡允许用户设置可选区域的名称以及是否显示。单击"确定"按钮后,将可选区域插入到模板。

可选区域的名称可以用来控制显示的参数或表达式。将模板应用到网页文件时,可以先为网页文件指定参数,然后系统会根据参数或者表达式来判断可选区域是否显示。

4. 可编辑的可选区域

可编辑的可选区域是由可编辑区域与可选区域嵌套而成的,是一种复合的网页模板模型。在此区域中用户既可以设置区域的显示或隐藏,也可以创建各种网页元素。

5. 重复表格

重复表格是一种特殊的嵌套性网页模板区域,是重复区域、可选区域和可编辑区域的综合体。利用重复表格,可以方便地创建各种既需要重复产生又有可能发生变化的内容。

操作步骤:在网页模板文件中将光标定位在某个区域中,执行"插入"→"模板对象"→"重复表格"命令,打开"插入重复表格"对话框,如图 2.113 所示,在对话框中可以设置重复表格的行列以及重复属性。

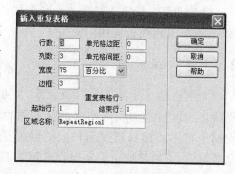

图 2.113   "插入重复表格"对话框

2.13.3   应用模板

前面介绍了制作模板的方法。有了模板可以快速生成风格与模板一致的网页。如果要改变风格,直接修改模板文件就可以了。因此使用模板可以方便我们开发网页,提高制作效率。

1. 创建模板网页

所谓创建模板网页是以 Dreamweaver 模板为基础,生成若干网页文档的过程。生成的网页文档应该包含模板的锁定区域、可编辑区域和重复区域等内容,并且根据用户定义的参数决定是否显示可选区域。

操作步骤:执行"文件"→"新建"命令,在弹出的"新建文档"对话框中选择"模板中的页",然后选择当前正在编辑的 Dreamweaver 站点,并在右侧选择模板,单击"创建"按钮就可以创建模板网页了,如图 2.114 所示。

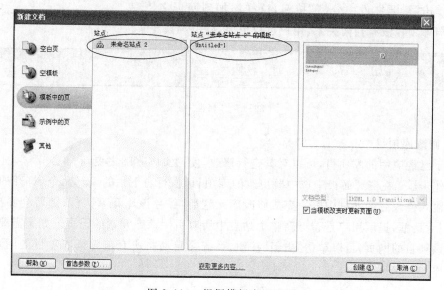

图 2.114   根据模板应用网页

Dreamweaver CS6 基础知识

2. 为网页应用模板

在 Dreamweaver 中,可以对已存在的网页应用模板,将模板的内容添加到网页中,在网页与模板之间建立关联。

操作步骤:新建或打开一个网页文件后,在"资源"面板中选择相应的模板,单击"应用"按钮,就可以将模板应用到网页中。

2.13.4 库项目

库项目是一种特殊的网页元素,它的作用是作为可复用模块化的内容添加到网站内的某些页面中。通俗地讲,如果网站中很多页面都要用到相同的网页元素如导航条、版尾信息等,那么可以将这个元素保存成库项目,以后需要可以直接插入这个库项目,不用重复制作。

1. 创建库项目

可以将 Dreamweaver 中的标签、图像和脚本等内容保存成库项目。

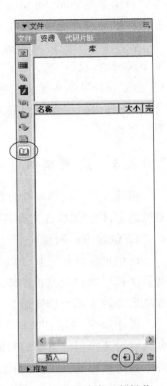

操作步骤:打开要保存成库项目的网页,选择其中的元素(注:重复多次使用的元素),执行"窗口"→"资源"命令,打开"资源"面板,在左侧的导航栏中单击"库"按钮,并在右侧的列表栏下方单击"新建库项目"按钮,可以将当前网页元素保存成库元件,如图 2.115 所示。

2. 设置库项目属性

制作库项目之后,在"属性"面板中查看库项目的基本属性,如图 2.116 所示。

单击"打开"按钮,将保存的库项目文件打开,重新编辑。也可以单击"从源文件中分离"按钮,这样添加到网页文档中的内容与库项目没有任何关系,用户可以更改这些内容。

图 2.115 新建库元件操作

图 2.116 "属性"面板

3. 修改库项目

对于已经应用的库项目,可以对其进行修改,使网页内容随之更新。

操作步骤:在资源面板中选中要更改的库项目,执行右下角的编辑命令,打开的库元素文件中输入修改后的网页内容。完成修改库元素后,保存该库元素文件,随后会弹出"更新库项目"对话框,提示用户是否更新整个站点中所有引用该库元素的网页。如果需要更新所有引用该项目的网页,可以单击"更新"按钮,系统会自动将所有包含该库项目的网页更新,以便与库项目保持一致。

2.14　使 用 行 为

基础知识：

行为是 Dreamweaver 的一项重要功能，在 Dreamweaver 中是以可视化的方式添加行为。

2.14.1　什么是行为

行为用来动态响应用户操作，改变当前页面效果或执行特定任务。行为是事件和该事件触发的动作的组合。在"行为"面板中，用户可以先指定动作，然后指定触发该动作的事件。

动作是浏览者执行的某种操作，如单击鼠标、移动鼠标、页面载入等操作。它是由 JavaScript 代码组成的，可以执行特定的任务。

不同的网页元素可以定义不同的事件。例如，body 和图像对象可以设置 onload 事件，但对于其他元素 onload 事件不可用。

2.14.2　设置常见行为

如果要为对象设置行为，可以通过"行为"面板进行操作。

选择"窗口"→"行为"命令打开"行为"面板（打开的面板如图 2.117 所示）。

如果为对象添加了行为，行为会按字母顺序显示在列表中。一个对象可以有多个行为，这些行为按照列表上的先后顺序进行执行。

添加行为的操作方法：

（1）设计视图中选择对象，如图像对象，若给整个页面添加行为，可以单击状态栏中的<body>标签。

（2）执行"窗口"→"行为"命令，打开"行为"面板。

（3）单击"＋"按钮，从弹出的下拉式菜单中选择动作，灰色显示的动作表示当前不可用。

（4）输入相应的参数，单击"确定"按钮，列表中显示添加的动作和默认的事件。如果要修改事件，可以通过"事件"下拉列表选择其他事件。

图 2.117　添加行为

添加了行为之后，可以修改触发动作的事件，也删除或修改行为。

下面通过 4 个例子来介绍行为设置方法。

例 1：打开浏览器窗口。

"打开浏览器"窗口可以在一个新的窗口中打开网页，并可以设置新窗口的属性，设置是否可以调整大小，是否有菜单栏等。

操作步骤：

设计视图左下角状态栏中单击 body 标签，"行为"面板中添加"打开浏览器窗口"行为，打开对话框后设置要显示的 URL、窗口的宽度和高度,是否显示导航条、地址栏、状态栏和菜单条(如图 2.118 所示)。

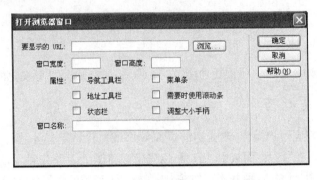

图 2.118　"打开浏览器窗口"对话框

例 2:设置状态栏文本。

为网页添加状态栏文字。当网页打开后(onload 事件发生),状态栏中显示事先设置的文本。

操作步骤:

(1) 新建一个网页文件并保存,将视图切换到"代码"视图,光标停放在<body>之后,如图 2.119 所示。

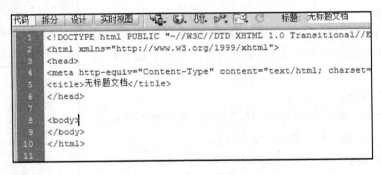

图 2.119　光标停留的位置

(2) 打开"行为"面板,单击 **+.** 按钮,在弹出的菜单中选择"设置文本"→"设置状态栏文本"命令。

(3) 在"设置状态栏文本"对话框中输入状态栏上要显示的文字,如"这些文字是在状态栏区域中显示的!",如图 2.120 所示。

(4) 单击"确定"按钮,"行为"面板上出现刚才添加的行为,如图 2.121 所示。

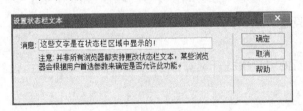

图 2.120　"设置状态栏文本"对话框

图 2.121　添加的行为

说明：事件 onMouseOver 表示当鼠标悬浮在网页中状态栏上出现的动作，也可以将单击事件更改为 onLoad，表示当页面载入后发生的行为。

注意：不是所有的浏览器都支持状态栏文本，如 IE9.0 就不支持此功能。某些浏览器会根据用户首选参数来确定是否允许此功能。

（5）保存该页面。

例 3：弹出消息。

在网页中添加弹出消息行为，当打开某个页面后，系统弹出一个对话框，对话框中显示预设的文字。

操作步骤：

（1）新建一个网页文件并保存，将视图切换到"代码"视图，光标停放在<body>之后。

（2）打开"行为"面板，单击 **+.** 按钮，在弹出的菜单中选择"弹出信息"。

（3）在对话框中输入文字，如 hello，单击"确定"按钮，如图 2.122 所示。

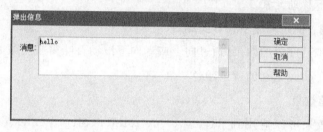

图 2.122　"弹出信息"对话框

（4）在"行为"面板上可以看到已经设置的行为，如图 2.123 所示。

说明：可以为网页中的图像、层和按钮设置弹出消息行为。

例 4：**转到 URL**。

转到 URL 可以在当前窗口或指定的框架中打开一个新的网页。

图 2.123　添加的行为

操作步骤：

（1）打开一个需要添加跳转行为的网页，将视图切换到"代码"视图，光标停放在<body>之后。

（2）打开"行为"面板，单击 **+.** 按钮，在弹出的菜单中选择"转到 URL"。

（3）在"转到 URL"对话框中输入需要跳转的 URL 地址，如图 2.124 所示。

（4）单击"确定"按钮，可以在"行为"面板上看到我们添加的行为，如图 2.125 所示。

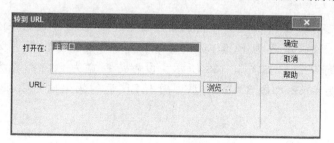

图 2.124　"转到 URL"对话框

图 2.125　添加的行为

Dreamweaver CS6 基础知识

这个行为表示当页面载入之后触发 URL 跳转的动作。可以更改事件为 onMouseOver,表示当鼠标悬浮在网页后发生跳转。

2.14.3 添加效果行为

应用行为效果可以修改网页元素的不透明度、缩放比例、位置和样式属性。也可以组合两个或多个属性来创建特殊的视觉效果。

在 Dreamweaver 中可以设置如下效果:

- 增大/收缩:使元素变大或变小。
- 挤压:使元素从页面的左上角消失。
- 晃动:模拟从左向右晃动元素。
- 滑动:上下移动元素。
- 显示/渐隐:使元素显示或者隐藏。
- 遮帘:模拟百叶窗的效果,通过向上或者向下滚动百叶窗来隐藏或者显示元素。
- 高亮颜色:更改元素的背景颜色。

1. 增大/收缩效果

说明:这个效果可以应用到 dd、div、dl、dt、form、p、ol、ul、center、dir、munu 和 pre 元素上。

下面介绍一个添加增大/收缩效果的例子:

操作步骤:

(1) 新建一个网页文件,选择"布局"插入栏中的"插入 Div 标签"按钮,插入一个 Div 标签,在弹出的对话框中命名 Div 的 ID 为 effect,如图 2.126 所示。

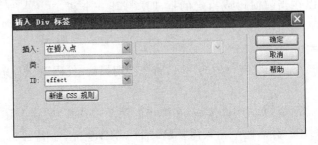

图 2.126 "插入 Div 标签"对话框

(2) 单击"新建 CSS 规则"按钮,以 ID 作为选择器类别新建一个样式,设置样式的字体大小为 16px,如图 2.127 所示。背景颜色为 FC9,如图 2.128 所示。设置边框颜色为 ♯000,边框为实线 solid,边框宽为 2px,如图 2.129 所示。设置方框宽为 500px,高为 300px,padding 为 20px,margin 为 40px,如图 2.130 所示。插入 Div 后的效果如图 2.131 所示。

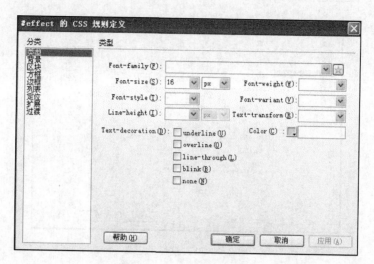

图 2.127　类型样式定义

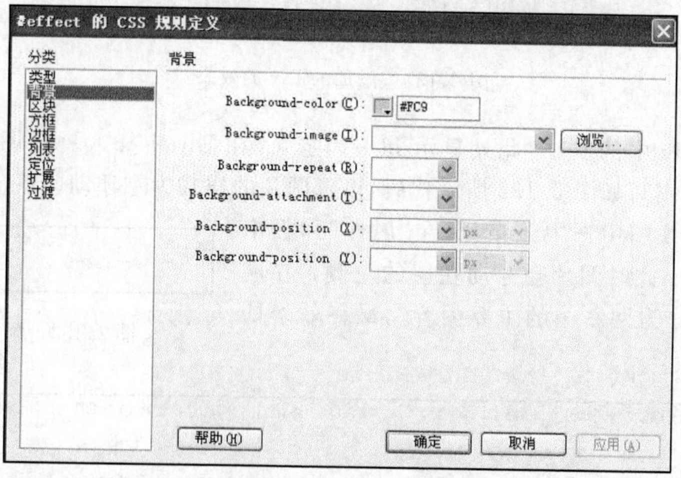

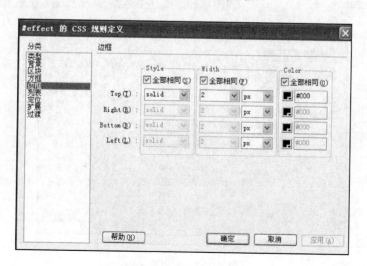

图 2.128　背景定义对话框

图 2.129　边框样式定义

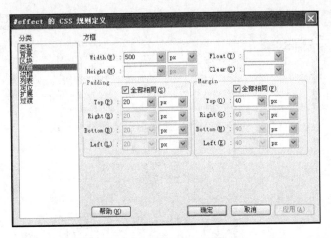

图 2.130　方框样式定义

图 2.131　添加的 Div 的效果

（3）删除 Div 中的文字"此处显示 id…内容"。在 Div 中插入一幅图片，在代码视图＜style＞标记中书写如图 2.132 所示代码，设置图片的样式为左浮动。

（4）在设计视图中选中该图片，在"属性"面板中设置其 ID 为 c1。此时图片会浮动在层的左侧。在层中添加文字"我作为网站…的主要内容"，最终效果如图 2.133 所示。

图 2.132　添加的代码

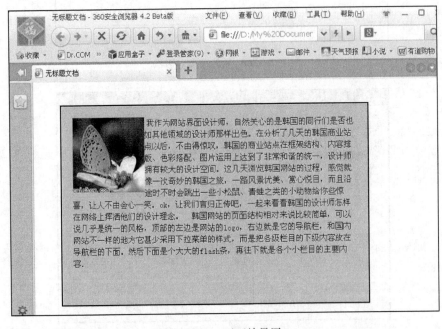

图 2.133　页面效果图

（5）将光标定位在网页的 body 中，打开"行为"面板，单击添加行为按钮，从弹出的下拉列表框中选择"效果"→"增大/收缩"选项。在对话框中设置属性，选择目标元素为 div effect，效果持续时间为 1000 毫秒，效果为"收缩"，收缩到 50％，收缩到方式为"居中对齐"，选中"切换效果"复选框，如图 2.134 所示。

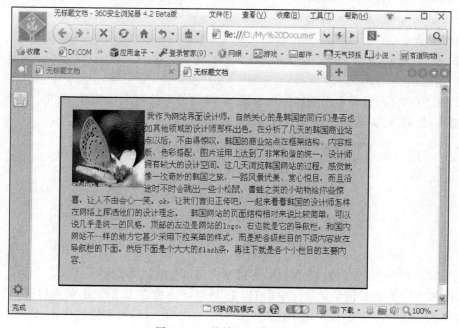

图 2.134 "增大/收缩"对话框

说明："目标元素"下拉列表中选择元素的 ID。该下拉列表中列出了当前文档可以使用的元素，如果已经选择了元素，可以选择"当前选定的内容"选项。

在"效果持续时间"文本框中定义此效果持续的时间，单位是毫秒。

在"效果"下拉列表中选择"增大"或"缩小"。

在"收缩自/增大自"文本框中定义元素在效果开始时的大小。

在"收缩到/增大到"文本框中定义元素在效果结束时的大小。

可以设置"增大"或者"收缩"的位置为"左上角"，"居中对齐"。

（6）按 F12 键查看效果。当单击 Div 中任意区域时，内容会缩放到 50％，再单击又恢复原貌。图 2.135 所示是缩放 100％的效果，图 2.136 所示是缩放 50％的效果。

图 2.135 缩放 100％的效果

Dreamweaver CS6 基础知识

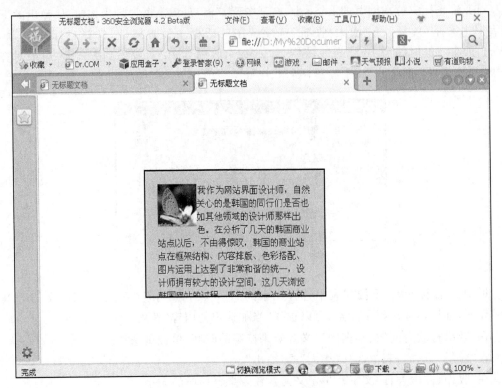

图 2.136 缩放 50% 的效果

2. 挤压效果

挤压效果可以应用到 address、dd、div、dl、dt、form、img、p、ol、ul、applet、center、dir、menu 和 pre 元素上。

下面介绍一个挤压效果的例子。

操作步骤：

（1）继续使用"增大/收缩"的例子。在状态栏选中<body>标记，在"行为"面板的列表中删除"增大/收缩"行为。

（2）在"行为"面板中单击增加行为按钮，从弹出的下拉列表中选择"效果"→"挤压"选项，在弹出的"挤压"对话框中设置属性，如图 2.137 所示。

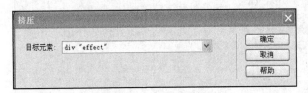

图 2.137 "挤压"对话框

与"增大/缩小"操作类似，在"挤压"对话框中选择目标元素为 div effect。

（3）按 F12 键查看预览效果。单击 Div 区域时，Div 向左上角收缩，如果没有设置边距、边框等样式最终内容消失，此时由于设置了 Div 的 padding、margin 和边框样式，最终 Div 只剩下一个矩形。图 2.138 所示是未触发挤压的效果，图 2.139 所示是触发挤压后的效果。

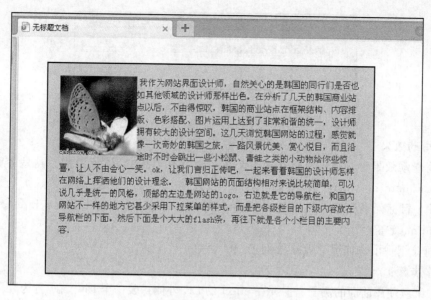

图 2.138 挤压前的效果

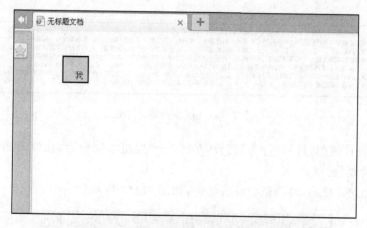

图 2.139 挤压之后的效果

3. 晃动效果

说明：此效果可以应用到 address、blockquote、div、dd、dt、dl、form、p、ol、ul、li、img、dir、munu、hr、h1-h6、iframe、object、fieldset、applet、table 和 pre 元素上。

下面介绍一个添加晃动效果的例子。

操作步骤：

（1）继续使用前面的例子。在状态栏选中<body>标记，在"行为"面板的列表中删除"挤压"行为。

（2）单击"+"按钮添加一个新的行为，在弹出的下拉列表中选择"效果"→"晃动"选项，在弹出的"晃动"对话框中设置属性，如图 2.140 所示。

选择目标元素后，按 F12 键可查看预览效果。当单击 Div 内容时，Div 会左右晃动，最终静止。

Dreamweaver CS6 基础知识

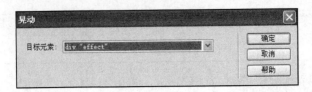

图 2.140 "晃动"对话框

4. 滑动效果

使用滑动效果时必须将目标元素封装在一个具有 ID 的容器标签中。这些容器标签可以是 blockquote、div、form、dd 或 center。

说明：目标元素标签必须是 blockquote、div、form、center、table、span、input、textarea、select 和 image 等。

下面介绍一个添加滑动效果的例子。

操作步骤：

(1) 继续使用前面的例子。需要在 effect 的 Div 外侧封装一个 Div。在"行为"面板中删除 effect 的所有行为，打开代码视图，在 effect 的外层增加一个 ID 是 outer 的容器，如图 2.141 所示。

```
<div id="outer">
<div id="effect"><img src="../1.jpg" name="c1" width="128" height="128" id="c1" />  <span class="c2">我作为网站界
面设计师，自然关心的是韩国的同行们是否也如其他领域的设计师那样出色。在分析了几天的韩国商业站点以后，不由得惊叹，韩国的
商业站点在框架结构、内容排版、色彩搭配、图片运用上达到了非常和谐的统一，设计师拥有较大的设计空间。这几天浏览韩国网站的
过程，感觉就像一次奇妙的韩国之旅，一路风景优美、赏心悦目，而且沿途时不时会跳出一些小松鼠、青蛙之类的小动物给你些惊喜，
让人不由会心一笑。ok，让我们言归正传吧，一起来看看韩国的设计师怎样在网络上挥洒他们的设计理念。 韩国网站的页面结构相对
来说比较简单，可以说几乎是统一的风格，顶部的左边是网站的 logo，右边是它的导航栏，和国内网站不一样的地方它甚少采用下拉菜单的样式，而是
把各级栏目的下级内容放在导航栏的下面。然后下面是个大大的 flash条，再往下就是各个小栏目的主要内容。</span><br />
</div>
```

图 2.141 添加的 Div 代码

(2) 回到设计视图，打开"行为"面板，单击"+"按钮添加行为，在弹出的下拉列表中选择"效果"→"滑动"选项。

(3) 在弹出的"滑动"对话框中设置属性，如图 2.142 所示。

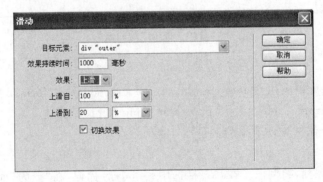

图 2.142 "滑动"对话框

说明："目标元素"指定应用滑动效果的目标元素容器 ID，这里需要选择 div outer，而不能选择 div effect，因为 outer 是 effect 的容器。

在"效果持续时间"文本框中输入此效果持续的时间。

从"效果"下拉列表中选择要应用的效果,如"上滑"或"下滑"。

在"上滑自"文本框中输入起始滑动点。

在"上滑到"文本框中输入滑动结束点。

如果希望连续单击可以上滑或下滑,可以选中"切换效果"复选框。

(4) 设置完成后,按 F12 键查看预览效果。如图 2.143 和图 2.144 所示,单击元素后发生了滑动效果。

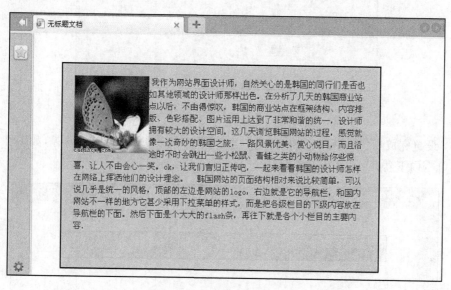

图 2.143　滑动之前的效果

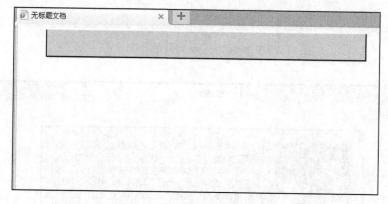

图 2.144　滑动之后的效果

5. 遮帘效果

说明:此效果可以应用到 address、dd、div、dl、dt、form、h1-h6、p、ul、ol、li、applet、center、dir、menu 和 pre 上。

下面介绍一个添加遮帘效果的例子。

操作步骤:

(1) 继续使用前面的例子。在"行为"面板中删除 effect 的所有行为。

(2) 打开"行为"面板,单击"+"按钮添加行为,在弹出的下拉列表中选择"效果"→"遮帘"选项。

（3）在弹出的"遮帘"对话框中设置属性，如图 2.145 所示。

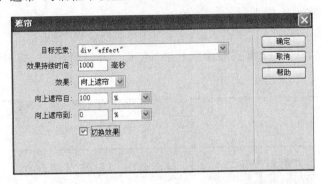

图 2.145　"遮帘"对话框

（4）设置完成后，按 F12 键进行预览。当单击 Div 后 Div 内容向上卷起，如图 2.146 所示。再单击向下卷开，如图 2.147 所示。

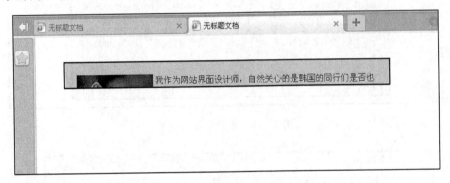

图 2.146　卷动之前的效果

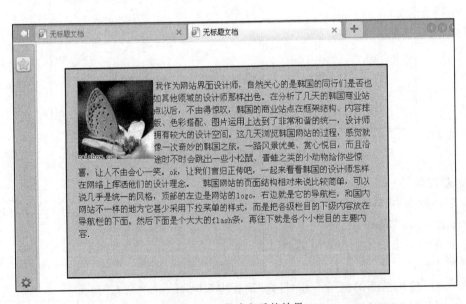

图 2.147　卷动之后的效果

6. 显示/渐隐效果

说明：这个效果可以应用到 applet、body、iframe、object、tr、tbody 和 th 元素上。

下面介绍一个添加显示/渐隐效果的例子。

操作步骤：

（1）继续使用前面的例子。在"行为"面板中删除 effect 的所有行为。

（2）打开"行为"面板，单击"＋"按钮添加行为，在下拉列表中选择"效果"→"显示/渐隐"选项。

（3）在"显示/渐隐"对话框中设置属性，如图 2.148 所示。

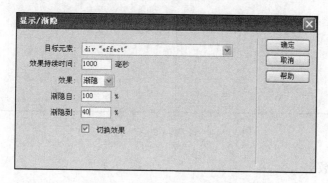

图 2.148　"显示/渐隐"对话框

说明：在"效果"下拉列表中可以选择要应用的效果"显示"或"隐藏"。

在"渐隐自"文本框中定义效果开始之前的不透明度百分比。

在"渐隐到"文本框中定义效果开始之后的不透明度百分比。

（4）设置完成后，按 F12 键进行预览。当单击 Div 后 Div 渐隐到 40％，如图 2.149 所示。再单击恢复到 100％，如图 2.150 所示。

图 2.149　渐隐到 100％不透明效果图

Dreamweaver CS6 基础知识

图 2.150   渐隐到 50％不透明效果

7. 高亮颜色效果

说明：这个效果可以应用到 applet、body、frame、frameset 和 noframes 元素上。

下面介绍一个添加高亮颜色效果的例子。

操作步骤：

(1) 继续使用前面的例子。在"行为"面板中删除 effect 的所有行为。

(2) 打开"行为"面板，单击"＋"按钮添加行为，在弹出的下拉列表中选择"效果"→"高亮颜色"选项。

(3) 在弹出的"高亮颜色"对话框中设置属性，如图 2.151 所示。

图 2.151   "高亮颜色"对话框

说明：在"起始颜色"选择器中选择希望以高亮显示的颜色。

在"结束颜色"选择器中选择希望结束高亮显示的颜色。

在"应用效果后的颜色"选择器中选择元素在完成高亮显示之后的颜色。

(4) 设置完成后，按 F12 键进行预览，如图 2.152 所示。单击 Div 后开始高亮显示的效果，如图 2.153 所示。

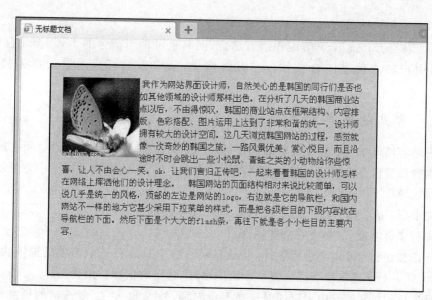

图 2.152　应用高亮颜色之前的效果

图 2.153　应用高亮颜色之后的效果

2.15　使用表单

基础知识：

　　网页中经常要获取用户在页面中输入的信息和选择的内容，此时就要使用表单。表单可以将网页中的数据通过特定的方式提交。提交后，由服务器端脚本对信息进行处理。

　　表单是一种特殊的网页容器标签，在这个容器中用户可以插入各种普通的网页标签，如表格、层；可以插入表单交互组件，如文本框、密码框和单选按钮，从而获取用户输入的信息。

表单可以与 JSP 或 ASP 等编程语言结合,同时也可以与前台的 JavaScript 合作,通过脚本控制用户输入信息的合法性。在万维网中,很多网站都是通过表单采集客户端数据。

2.15.1　常见的表单对象介绍

- 表单容器(form):提交表单的集合,具有 name、id 和 action 等属性。所有的表单元素应该放置在表单容器中。在网页中插入表单容器后,在设计视图中会显示红色虚线区域 ＿＿＿＿＿＿＿ 。
- 文本框:接收用户输入的单行文本内容,文本框的外观如 ＿＿＿ 。文本框有字符宽度、最多字符数等属性。
- 单选按钮:允许用户进行选择,但是在同一组中只能有一个选项呈选中状态,外观如 ◎ 。对单选按钮可以设置所在组的名称、选定的值和初始状态。
- 复选框:在复选框中可以同时选择多项内容,外观如 □ 。复选框的属性与单选按钮基本相同,也具有组名称、按钮初始状态和选定值。
- 文本域:文本域是一个特殊的文本框,用来获取用户输入的多行文本,主要用于填写大量内容的信息。可以为其设置名称、字符宽度、行数和初始值等属性。
- 图像域:在表单中通过图像域来插入图像,引入图像可以使表单的效果更加生动。图像域具有名称、图像源文件路径、替换和对齐方式等属性。
- 菜单:菜单是一种单行的表单框,可以响应鼠标单击事件,弹出一个多行列表,以供用户选择其中的某些项目。其外观如 ▾ 。菜单具有名称、列表值等属性。
- 列表:在一个列表中可以显示多行的内容。列表的属性与菜单基本相同。
- 跳转菜单:其外观和普通菜单十分相似,但是功能有所区别,它可以实现页面的跳转。外观如 item1 ▾ 。跳转菜单的属性与普通菜单属性相同。
- "提交"按钮:当单击"提交"按钮后,可以将输入的表单信息提交到服务器中。"提交"按钮具有"名称"和"值"两个属性。
- "重置"按钮:单击"重置"按钮后,会清除所有表单中的内容,恢复到默认选项。
- 文件域:一种特殊的表单,会调用本地操作系统的文件打开对话框,当选择本地的文件之后,层将该文件的 URL 路径添加到表单中。提交时把此路径传递给服务器。文件域具有名称、字符宽度和最多字符数等属性。
- 隐藏域:是个特殊的文本域,用于提交一些非用户输入的文本信息,这些信息不会在浏览器中显示,可以通过脚本程序为隐藏域定义提交的文本数据。在网页中插入隐藏域之后会显示一个黄色的图标,如 。它具有"名称"和"值"两个属性。

2.15.2　表单对象的操作

表单对象位于"插入"栏的"表单"选项卡中,如图 2.154 所示。

操作步骤:

(1) 新建网页文件,将插入点定位在网页中待插入表单的位置。

(2) 选择"插入栏"→"表单"命令,插入一个表示表单的红色虚线 ＿＿＿＿＿＿ 。如果没有看到虚线,在文档窗口的可视化助理上取消对"隐藏所有可视化助理"的选择。

(3) 属性面板中设置表单的属性,如图 2.155 所示。

表单的各个属性含义如下:

- 表单名称:表单的标志。
- 动作:表单处理的方式。
- 方法:表单的提交方式。
- 目标:指定程序调用返回的数据显示的窗口。
- 类:将 CSS 规则应用到表单中。
- MIME 类型:指定数据的 MIME 编码类型。

(4) 表单中依次插入其他表单元素。

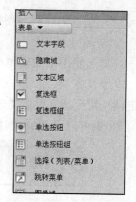

图 2.154　表单对象

图 2.155　表单的"属性"面板

① 插入文本域。

文本域用来接受字母或数字文本输入内容。单击"表单"选项卡中的"文本域"按钮,在网页中会出现一个文本域。在文本域的"属性"面板(如图 2.156 所示)中设置其属性。

图 2.156　插入文本框的"属性"面板

文本域的各个属性含义如下:

- 初始值:在加载表单时显示的值。
- 类:将 CSS 规则应用到对象。
- 文本域名称:服务器根据名称来获取数据。
- 字符宽度:文本域中最多可以显示的字符数。
- 最多字符数:在单行文本域中最多可输入的字符数。

② 插入隐藏域。

隐藏域用来保存用户输入的信息。单击"表单"选项卡中的"隐藏域"按钮,文档中出现隐藏域的图标。有关隐藏域的属性如图 2.157 所示。

图 2.157　插入隐藏域的"属性"面板

隐藏域的属性含义如下:

- 隐藏区域:指定该区域的名称。

• 值：为隐藏域指定一个值，此值会传递给服务器。

③ 插入复选框。

复选框用来在表单中列出几个项目供用户选择。

操作方法：单击"表单"选项卡中的"复选框"按钮，在文档中插入一个复选框。多次单击此按钮会插入更多复选框，默认的复选框组的名称是 checkbox，在"属性"面板（如图 2.158 所示）中可以设置属性，如选定值等。

图 2.158　插入复选框的"属性"面板

复选框的各个属性含义如下：

• 选定值：当该选项被选定时传给服务器的值。

• 初始状态：表单被载入时复选框的状态。

• 类：可以将 CSS 规则应用于复选框。

④ 插入单选按钮。

单选按钮表示互相排斥的操作。在单选按钮组中当选择一个选项，系统会取消其他按钮的选择。

单选按钮的各个属性含义如下：

• 选定值：设置当该项选定时传给服务器的值。

• 初始状态：设置按钮被浏览器载入时的状态。

• 类：可以将已有的 CSS 样式应用到对象中。

单击"表单"选项卡中的"单选按钮"按钮，会在文档中插入一个单选按钮。与复选框一样，如果多次单击此按钮会插入更多单选按钮，默认的按钮组名称是 radio，在"属性"面板（如图 2.159 所示）中可以设置属性，如选定值、初始状态等。

图 2.159　插入单选按钮的"属性"面板

⑤ 插入单选按钮组。

通过单选按钮组一次可以创建多个单选按钮供用户进行选择。

操作步骤：单击"表单"选项卡中的"单选按钮组"（▤），出现"单选按钮组"对话框，如图 2.160 所示。在此对话框中可以设置按钮组的名称，并且可以添加多个按钮项，同时为其添加内容。

单选按钮组的属性含义如下：

• 名称：按钮组的名称。

• ＋按钮：添加一个单选按钮。

• －按钮：删除单选按钮。

• 换行符：表示将生成的多个单选按钮采用换行符布局。

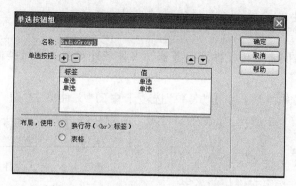

图 2.160　插入单选按钮组的"属性"面板

- 表格：使用表格对单选按钮布局。

⑥ 插入跳转菜单。

跳转菜单是具有导航功能的列表或菜单，其中的选项都可以链接到某个网页。

操作方法：单击"表单"选项卡中的"跳转菜单"按钮（📲），在打开的对话框（如图 2.161 所示）中进行设置。

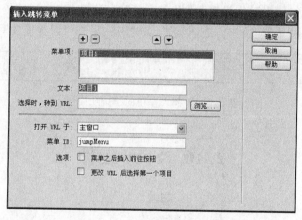

图 2.161　"插入跳转菜单"对话框

跳转菜单的常用属性含义如下：

- 菜单项：菜单中的项目，可以使用"＋"按钮添加多个项目。
- 文本：菜单项的提示信息。
- "选择时，转到 URL"：选择某个项目后打开的链接文件。
- 菜单 ID：菜单的唯一标识。

⑦ 插入图像域。

图像域与普通按钮的功能和类型相似，只是以图片的方式显示。

插入图像域的操作方法：单击"表单"选项卡中的"图像域"按钮（🖾），在打开的"图像源文件"对话框中选择一张图片作为表单对象，此时该图像会插入到表单中。

图像域的属性含义如下：

- 源文件：表示按钮使用的图像。
- 图像区域：为按钮指定一个名称。

- 替换：描述性文字，当图像显示出错时的提示文字。

⑧ 插入文件域。

文件域用来让访问者上传文件到服务器。文件域外观和文本域类似，只是多了一个"浏览"按钮。

插入文件域的操作方法：单击"表单"选项卡中的"文件域"按钮（▥），插入一个文件域，在对话框（如图 2.162 所示）中设置文件域的属性。

图 2.162　插入文件域的"属性"面板

文件域的属性含义如下：

- 文件域名称：指定文件域的名字。
- 字符宽度：文件域中所占字符宽度。
- 最多字符数：文件域中最多可容纳的字符数。

⑨ 插入按钮。

在表单中有了按钮才可以实现一定的交互效果。按钮可分为功能性按钮和普通按钮。功能性按钮本身具有特定的功能，如能提交表单的"提交"按钮。普通按钮不具备特殊功能。

单击"表单"选项卡中的"按钮"（▭），按钮便出现在文档中。"属性"面板中为按钮设置属性（如图 2.163 所示）。当动作设置为"提交表单"时，这个按钮就是"提交"按钮；若选择为"重置表单"，按钮就是"重置"按钮。选择"无"单选按钮，另外可以为按钮写脚本来定义动作。

图 2.163　插入按钮的"属性"面板

2.16　Spry 控件

基础知识：

Dreamweaver 中预置了以 JavaScript 脚本语言开发的 Spry 布局元素，可以帮助用户以可视化的方式实现简单的用户交互。在 Dreamweaver 中提供了 5 种基本的 Spry 布局元素，包括 Spry 菜单栏、Spry 选项卡式面板、Spry 折叠式、Spry 可折叠面板及 Spry 工具提示。

2.16.1　制作 Spry 选项卡式面板

Spry 选项卡式面板用来将内容存储到紧凑空间。浏览者可以通过单击要访问的面板上的选项卡来隐藏或者显示选项卡面板中的内容。效果如图 2.164 所示。

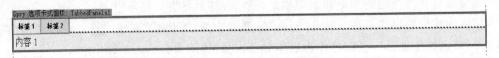

图 2.164　效果图

操作步骤：

（1）在 Spry 插入栏中单击"Spry 选项卡式面板"（📖），文档中出现一个默认的选项卡面板，如图 2.164 所示。可以在其"内容 1"中输入文字。

（2）单击"标签 1"和"标签 2"，分别输入这两个选项卡的名字，如图 2.165 所示。

图 2.165　修改选项卡截图

如果要编辑"标签 2"的内容，可以指向它的名字，出现眼睛图标时，进行单击就可以编辑内容。

（3）添加第三个选项卡，先将蓝色的"Spry 选项卡式面板"标志选中，在"属性"面板上添加选项卡，如图 2.166 所示。

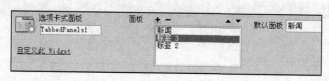

图 2.166　"属性"面板

此时，完成了在网页中添加选项卡式面板的操作。

2.16.2　制作 Spry 可折叠面板

在 Spry 可折叠面板中可以显示和隐藏面板中的内容，对于页面结构比较紧凑的情况下，使用可折叠面板非常节省空间。

操作步骤：

（1）Spry 插入栏中单击"Spry 可折叠面板"（📖），在面板中添加标题和内容，如图 2.167 所示。

图 2.167　可折叠面板设置

（2）在"属性"面板（如图 2.168 所示）中设置其内容的显示隐藏属性。

图 2.168　可折叠面板设置

（3）如果要继续添加面板，可以单击"Spry 可折叠面板"。

第 2 章

Dreamweaver CS6 基础知识

2.16.3 制作 Spry 菜单栏

Spry 菜单栏是一组可导航的菜单按钮,当用户将鼠标移动到菜单中的某个按钮上时,将会显示相应的子菜单。使用 Spry 菜单栏可以在有限的空间显示大量的信息。

1. 创建 Spry 菜单栏

在 Dreamweaver 中包含两种类型的 Spry 菜单栏,分别是垂直菜单栏和水平菜单栏。

在已经保存了的网页中,单击"插入"栏 Spry 选项卡中的"Spry 菜单栏" ，弹出的"Spry 菜单栏"对话框中选择合适的布局效果(如图 2.169 所示)。

单击"确定"按钮,预览插入菜单栏的效果(如图 2.170所示)。

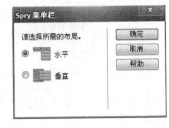

图 2.169 Spry 菜单栏设置

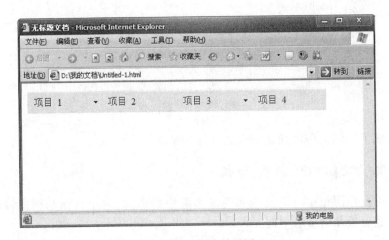

图 2.170 预览效果图

当某个菜单项右侧有小三角图标时,说明该栏包含有子菜单。

2. 设置 Spry 菜单属性

可以对插入的 Spry 菜单栏进行修改。操作步骤:选中已插入的 Spry 菜单栏,在"属性"面板中设置菜单栏的菜单项目名称等属性,如图 2.171 所示。

图 2.171 "属性"面板

下面对其中的属性设置进行介绍。

- 菜单条:表示 Spry 菜单栏在网页中唯一的 ID 标识。
- 添加菜单项＋:表示在当前选择的菜单级别中添加新的菜单项目。

- 删除菜单项－：表示删除当前选择的菜单项目。
- 上移项：将当前选择的菜单项目上移一个位置。
- 下移项：将当前选择的菜单项目下移一个位置。
- 文本：定义当前选择的菜单项目中显示的文本信息。
- 标题：定义当鼠标滑过当前选择的菜单项目时显示的工具提示信息。
- 目标：定义当前选择的菜单项目新链接时的打开方式。
- 禁用：禁用 Spry 菜单栏中所有已经添加的 CSS 样式。

操作实例：为 Spry 菜单栏添加菜单项目。

选中 Spry 菜单项目，在"属性"面板中选中相应的菜单级别，然后单击该菜单级别的"添加菜单项"按钮，为该级别菜单添加一个新的菜单项目。

2.16.4　Spry 折叠式面板

它是一组可折叠的面板，将大量内容存储在一个紧凑的空间中，用户可以通过单击该面板上的选项卡来隐藏或显示折叠控件中的内容。在整个操作过程中，只能有一个面板是打开的状态。

操作步骤：

（1）在 Spry 插入栏中单击"Spry 折叠式"，在页面插入折叠式构件。

（2）在内容框中输入要添加的内容及面板的名称，如图 2.172 所示。

（3）在"属性"面板中可以通过加号（减号）为此控件添加（删除）面板项，如图 2.173 所示。

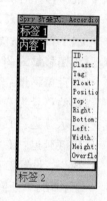

图 2.172　折叠式 Spry 插入效果

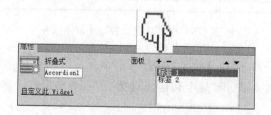

图 2.173　折叠式 Spry 面板

此时，一个折叠式面板就添加好了。

2.16.5　Spry 工具效果

当用户把鼠标悬浮在网页中的特定元素时，Spry 工具提示控件会显示提示信息，当鼠标移开时，提示内容消失。Spry 工具提示效果可以应用到 HTML 页面上的所有元素。

插入并编辑 Spry 工具控件的操作步骤：

（1）在网页上将光标定位在需要插入工具提示的位置，如在网页中插入了一幅图像，选中图像，选择 Spry 插入栏中的"Spry 工具提示"按钮，在文档的设计视图中自动插入一个新的工具提示控件和提示内容的容器。

（2）单击工具提示容器，在"属性"面板设置属性，如图 2.174 所示。

图 2.174　Spry 工具提示面板

说明:"触发器"是页面上激活工具提示的元素,在默认情况下,Dreamweaver 会插入 span 标签内的占位符句子作为触发器。

- 跟随鼠标:当鼠标指针悬浮在触发器元素上时,工具提示会自动显示内容,然后跟随鼠标运动。
- 鼠标移开时隐藏:当鼠标移开触发器元素,工具提示会隐藏。如果此项没有选中,当鼠标指针离开触发器区域,工具提示一直会打开。
- 水平偏移量:表示工具提示与鼠标指针的水平相对位置,偏移量以像素为单位,默认偏移量为 20 像素。
- 垂直偏移量:表示工具提示与鼠标指针的垂直相对位置,偏移量以像素为单位,默认偏移量为 20 像素。
- 显示延迟:工具提示进入触发器在显示前的延迟,默认为 0。
- 隐藏延迟:工具提示离开触发器元素后消失的延迟。
- 效果:设置工具提示出现时的效果。"遮帘"效果类似百叶窗效果,可以向上或者向下移动。"渐隐"可以淡入和淡出工具提示。默认状态下无效果。

(3) 在 Spry 工具提示容器中输入文字"这个包包值得拥有",如图 2.175 所示。

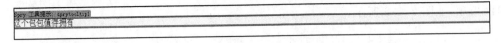

图 2.175　在工具提示容器中输入文字

(4) 保存网页,按 F12 键预览效果,如图 2.176 所示。当鼠标指针移入图片所在区域,显示工具提示容器中的文字(即"这个包包值得拥有"),当移出这个区域文字消失。

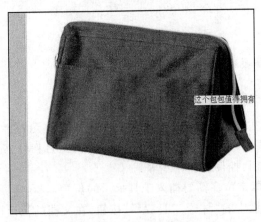

图 2.176　预览效果

2.16.6 Spry 表单控件

Spry 表单控件将表单元素与 JavaScript 验证功能结合起来,能对表单元素进行验证,实现客户端的输入检查。

Spry 表单包括"Spry 验证文本框"、"Spry 验证文本区域"、"Spry 验证复选框"、"Spry 验证选择"、"Spry 验证密码"和"Spry 验证确认"等控件。下面来逐一学习这些控件。

1. Spry 验证文本域

Spry 验证文本域可以对文本域增加验证功能。

网页中添加 Spry 验证文本域控件的操作步骤:

(1) 新建一个网页文件并保存。切换到设计视图,打开 Spry 插入栏。

(2) 在 Spry 插入栏下方选择"Spry 验证文本域"控件,打开"输入标签辅助功能属性"对话框,如图 2.177 所示。在 ID 文本框中输入 name,在"标签"文本框中输入"name:"。其他选项默认。

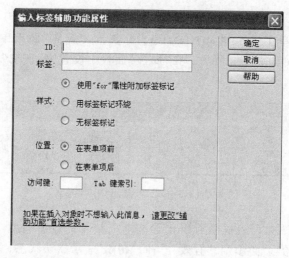

图 2.177 "插入标签辅助功能属性"对话框

说明:"使用 for 属性附加标签标记"用来在表单项两侧添加一个标签标记,使用户能够在相关位置单击表单对象时可以选中该对象。"用标签标记环绕"用来在表单项的两边添加一个标签标记。"无标签标记"表示不使用标签标记。

在"访问键"文本框中可以输入键盘键(限于一个字母),用来在浏览器中选择对象。

(3) 单击"确定"按钮,此时出现一个是否添加表单标签的对话框,如图 2.178 所示。若网页中没有表单域,单击"是"按钮,由系统自动创建一个表单域(form)。

(4) 此时在文档中插入一个"Spry 验证文本框",如图 2.179 所示。

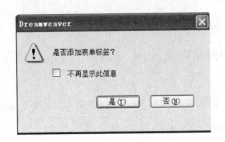

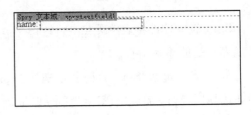

图 2.178　添加表单标签对话框　　　　　　　图 2.179　插入 Spry 文本框效果

（5）选中 name：右边的文本域，在"属性"面板中设置属性，如图 2.180 所示。

图 2.180　文本域的"属性"面板

说明：Spry 文本域的"属性"面板与表单文本域的属性完全相同。

（6）在状态栏中单击 span♯sprytextfiled 标签卡，"属性"面板中看到当前设置的是
"Spry 文本域"属性，如图 2.181 所示。在"属性"面板中设置"验证于"为 onBlur，其他选项
采用默认值。

图 2.181　Spry 文本域的"属性"面板

说明：在"类型"下拉列表框中可以设置文本框接受的数据类型，如"电子邮件地址"。
"预览状态"包括"初始"、"必填"和"有效"三种，"初始"表示默认状态。

将"验证于"设置为 onBlur，表示当用户在文本域外侧单击时进行验证；设置为
onChange，表示当用户改变文本域上的文本时的验证；设置为 onSubmit，表示当用户提交
表单时验证。

"最大/最小字符数"指定有效的文本所需的最大和最小字符数。

2. Spry 验证密码

使用 Spry 验证密码控件可以对密码框增加验证功能。

网页中添加 Spry 验证密码控件的操作步骤：

（1）打开前面制作的网页，在 Spry 插入栏下方选择"Spry 验证密码"控件。打开"输入
标签辅助功能属性"对话框，在 ID 文本框中输入 psw，在"标签"文本框中输入"password："。
其他选项默认。

（2）此时在文档中插入一个"Spry 验证密码"元素，如图 2.182 所示。

（3）单击验证密码控件的蓝色选项，在"属性"面板中选择"必填"复选框，验证事件设置

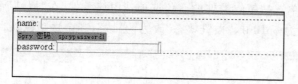

图 2.182　插入 Spry 密码控件

为 onBlur，"预览状态"改为"必填"，其余选项默认，设置完成。按 F12 键查看预览效果，如图 2.183 所示，当在 name 文本框和 password 文本框中没有输入内容时，表单元素后面会出现提示输入值的文字。

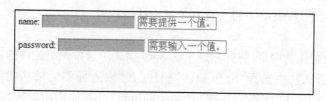

图 2.183　预览效果图

3. Spry 验证单选按钮组

利用此控件可以插入一个单选按钮组，并且可以对按钮添加验证功能。

继续前面的例子，在表单中插入有关性别的 Spry 单选按钮组。

操作步骤：

（1）打开前面制作的网页，将光标定位在 Spry 密码控件的右方，按 Enter 键。

（2）在 Spry 插入栏下方选择"Spry 单选按钮组"控件，打开"Spry 验证单选按钮组"对话框，在"名称"文本框中输入 gender，单击"标签"下方的"单选"，在蓝底白色输入状态下输入 boy，再次单击下方文字"单选"，修改为 girl，如图 2.184 所示。

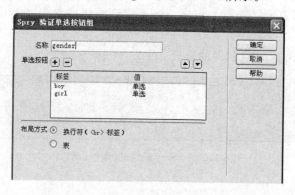

图 2.184　"Spry 验证单选按钮组"对话框

（3）此时在文档中插入一个"Spry 单选按钮组"元素，如图 2.185 所示。

图 2.185　Spry 单选按钮组插入的效果图

（4）单击 Spry 单选按钮组控件的蓝色选项选中该控件，在"属性"面板中选中"必填"复选框，验证时间设置为 onBlur，"预览状态"改为"必填"，其余选项默认，如图 2.186 所示。

图 2.186　Spry 单选按钮组的"属性"面板

4. Spry 确认控件

继续前面的例子，在表单中插入具有验证确认的控件。

操作步骤：

（1）打开前面制作的网页，将光标定位在 Spry 验证单选按钮组控件的右方，按 Enter 键。

（2）在 Spry 插入栏中选择"Spry 确认"控件，在"输入标签辅助功能属性"对话框的 ID 文本框中输入 submit，在"标签"文本框中输入 submit：其他选项默认。

（3）单击"确定"按钮后，页面的效果如图 2.187 所示。

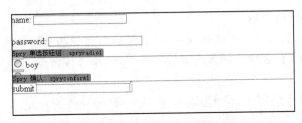

图 2.187　插入确认按钮的效果

　（4）单击"Spry 确认控件"的蓝色选项选中该控件，"属性"面板中选中"必填"复选框，表单中的验证参照对象可以选择 psw 或 name，验证时间设置为 onBlur，其余选项默认，如图 2.188 所示。

（5）此时，完成 Spry 确认控件的设置。

图 2.188　Spry 确认的"属性"面板

习　题　2

建议安排 10 个上机课时，用于完成课后 5 个上机题。

1. 以自己的姓名拼音为名称，在 E 盘新建一个文件夹，在 Dreamweaver 中创建站点，将此文件夹指定为该网站的站点文件夹。

2. 制作如图 2.189 所示的网页（homwork\2-2.html），具体要求如下：

2012最具幸福感城市出炉

2013-01-14 3:45 PM

"中国最具幸福感城市调查推选活动"是《瞭望东方周刊》和中国市长协会首创的"幸福感城市"活动,迄今已举办六届,也是目前我国最具影响力和公信力的城市幸福感调查推选活动。

2012年的调查推选活动继续使用由《瞭望东方周刊》首创的中国城市幸福感评价体系,包括以下22个具体指标:物价(含房价)、人情味、生活节奏、文化底蕴、旅游度假、医疗便利程度和质量、环境和污染程度、养老、教育、住房现状、交通状况、气候、购物便利性、治安、餐饮娱乐和文化体育设施、赚钱机会、市民个人发展空间、城市发展质量与速度、文明程度、执法规范程度、公共服务水平、对外来人的包容度。

图 2.189　网页效果

(1) 标题"2012 最具幸福感城市出炉"居中显示,字体默认,格式标题 2,颜色绿色。

(2) 正文为默认字体,首行缩进两个字符,颜色淡绿色。

(3) 在标题下方插入日期和时间,格式自定。

(4) 在正文与日期和时间之间插入一条水平线,设置高为 5 像素,宽为 95%,颜色为 #339966。

(5) 正文下方插入图片(homework/2chapter_images /picture.jpg),并设置图片居中对齐。

(6) 设置网页的标题为"2012 最具幸福感城市出炉"。

3. 制作如图 2.190 所示网页,源文件见 2-3.html,所有的素材在 homework\images 文件夹下,具体制作要求如下:

(1) 标题文字居中显示,大小标题二,其他格式自定。

(2) 为文字"陕西风彩"设置超链接,链接到文件 homework/2chapter_images/sxdt.jpg。

(3) 为文字"给我写信"设置电子邮件链接,邮件地址为 mminnaliu@163.com。

(4) 在第三行插入图片 homework/images/sxdt.jpg,设置图片居中显示。

(5) 分别为延安、咸阳、西安三个城市设置热区,分别链接到 homework/2chapter_images/yanan.jpg、homework/2chapter_images/xy.jpg 和 homework/2chapter_images/xian.jpg。

(6) 将网页标题设置为"陕西风彩"。

4. 制作 2009 年中国十佳宜居城市网页,如图 2.191 所示,其源文件见 homework\2-4.html,具体要求如下:

(1) 设置网页的标题为"中国十佳宜居城市网页"。

(2) 在网页中插入三个表格。

(3) 第一个表格为 1 行 1 列,表格的宽度为 992px,对齐方式为"居中"。在表格中插入文字"2009 中国十佳宜居城市……美誉度高"。标题格式为标题 1,正文文字为默认,大小为 14px。

陕西风采

陕西各城市风景图　　给我写信

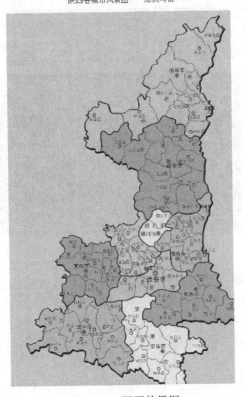

图 2.190　网页效果图

（4）第二个表格为 2 行 5 列，表格的间距设为 5，边框为 1，宽度为 100px，背景颜色为 ♯6B869B，对齐方式为"居中"，在其中放置 5 个十佳城市图片。设置图片的宽度为 190px，高度为 135px。

（5）第三个表格为 2 行 5 列，表格的间距设为 5，宽度为 100px，背景颜色为 ♯5AC7F2，去掉边框，对齐方式为"居中"，放置剩下的 5 个十佳宜居城市图片。设置图片的宽度为 190px，高度为 135px。

5．在 Dreamweaver 中打开素材文件 homework\2-5sucai.html，在该文件中定义样式，并将样式应用到指定的文字上，得到如图 2.192 所示效果。其源文件见 homework\2-5.html，具体要求如下：

（1）定义名字为.title 的普通样式，"字体"为"仿宋_GB2312"，"大小"为 20pt，"粗细"为"粗体"，"颜色"为 ♯006600，"修饰"为"无"。

（2）定义一个名为.text 的普通样式，包括"字体"为"宋体"，"大小"为 12pt，"颜色"为 ♯441A41，"修饰"为"无"。设置行高为 23px。

（3）定义"标签"为 img，设置边框为"点划线"，颜色为 ♯784C3F。

（4）将".title"样式应用到标题文字上。

（5）将".text"样式应用到正文文字上。

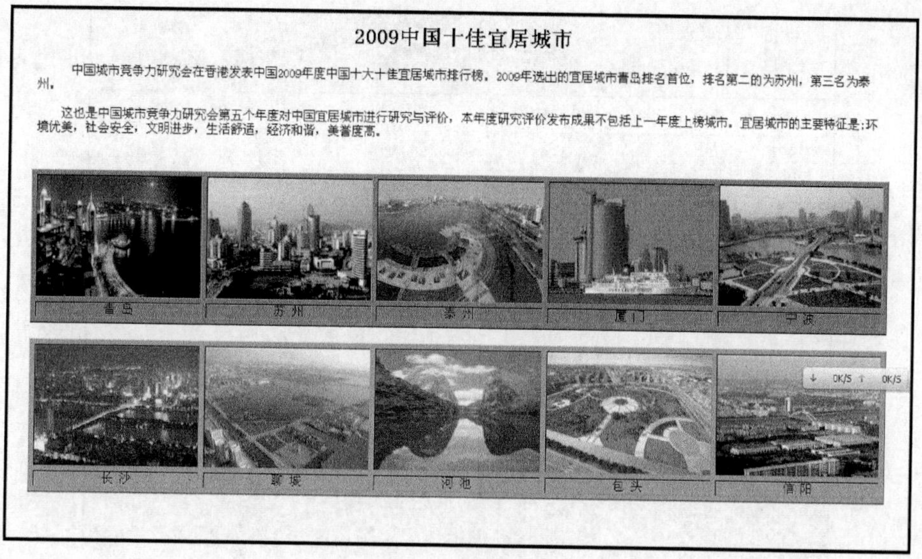

2009中国十佳宜居城市

中国城市竞争力研究会在香港发表中国2009年度中国十大十佳宜居城市排行榜。2009年选出的宜居城市青岛排名首位，排名第二的为苏州，第三名为泰州。

这也是中国城市竞争力研究会第五个年度对中国宜居城市进行研究与评价，本年度研究评价发布成果不包括上一年度上榜城市。宜居城市的主要特征是：环境优美，社会安全，文明进步，生活舒适，经济和谐，美誉度高。

图 2.191　网页效果

青岛

青岛依山傍海，风光秀丽，气候宜人，是一座独具特色的海滨城市。星罗棋布的山岗低丘散布于青岛市区，楼字依地形而建，红瓦屋顶错落有致，连同蜿蜒起伏的街道和翠绿的树木，构成青岛市区独特的地理景观。青岛气候有着鲜明的特点，那就是：四季分明，夏短冬长，夏无酷暑，冬少严寒，降水适中，热量充足；春夏多雾，冬春风大。青岛夏季较内地短，一年平均只有80天，夏季平均气温为23℃，最热的8月平均气温为25.1℃，由于受海洋影响，比较凉爽，是人们避暑、疗养和游泳的最好季节。

青岛近代历经沧桑，有着丰富的文化旅游景观，根据景点的分布和文化内涵，可分为各具特色的四大区域，即：西部旧城区（近代城市风貌）、东部新区（现代化国际都市风貌）、市区腹地（胶东民俗文化风貌）、郊区（历代文物古迹风貌）。

到青岛来游览，既可享受宜人的气候和优美的风光，又可在观赏中外文化碰撞交融的结晶中产生深层次的思索和启迪，因而具有很高的旅游价值。

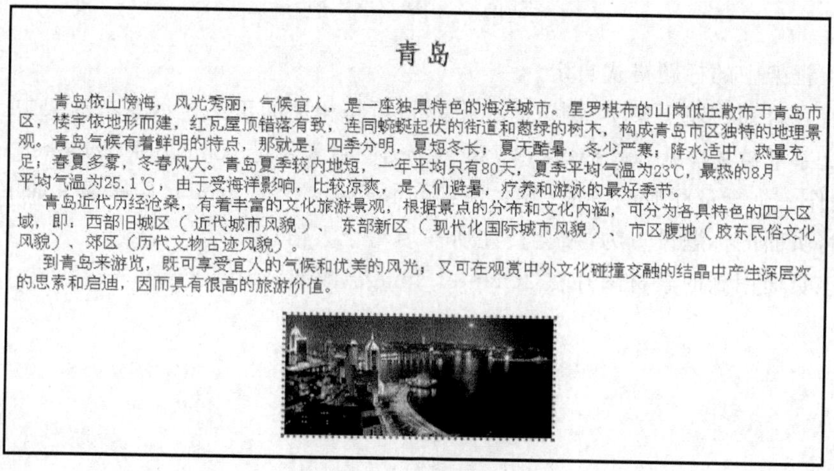

图 2.192　网页效果

6. 制作如图 2.193 所示模板，具体要求如下：

（1）创建一个模板，其中插入 3 行 1 列的表格。

（2）表格第 1 行拆分成两列，第一列插入图片 logo.jpg，第二列插入背景图片 banner.jpg。

（3）在第 2 行制作文字导航条，导航条上的内容如图 2.193 所示，为文字添加超链接样式，样式自拟。

（4）在导航条下方创建一个名为 content 的可编辑区域，为这个区域设置背景颜色。

（5）利用该模板制作网页。

7. 制作一个包含框架的页面（源文件见 homework\2-7.html），具体要求如下：

（1）此页面包括上、左、右三个框架。

119

第 2 章

Dreamweaver CS6 基础知识

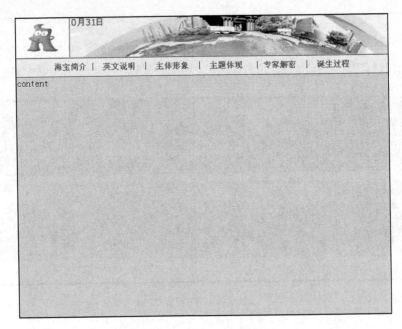

图 2.193 模板效果图

（2）上框架中的标题格式自定。

（3）将题目列在左框架中，浏览时单击题目可将相关的正文显示在右框架中。

（4）文字素材文件见 homework\2-7sucai.txt，图片素材见 homewrok\2chapter_images。

8．制作一个会员注册的页面（源文件见 homework\2-7.html），具体要求如下：

（1）将页面的标题设置为"新会员注册—填写个人信息"。

（2）该页面用到的素材图片在 2chapter_images 文件夹中。

第3章   HTML

本章主要介绍 HTML 语言的常用标记和基本语法。

3.1   HTML 语言基础

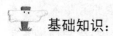 基础知识：

HTML 语言和其他计算机语言有着本质的不同,它是一种用来制作超文本文档的简单标记语言,直接由浏览器进行解析,不需要被编译成指令才能执行。

一个静态网页其实就是一个 HTML 文件,HTML 文件的扩展名是 htm 或 html。它是一个纯文本文件,所以一个 HTML 文档需要两个工具：HTML 编辑器和 Web 浏览器。HTML 编辑器用于生成和保存 HTML 文档。Web 浏览器用来打开 Web 网页文件,提供 Web 资源。

下面是一个最基本超文本文档的源代码。

```
< html >----------------------------------- HTML 文件开始
< head > ----------------------------------- 头部开始
< title > HTML 示例</title>    ----------------------------------- 成对的标题
</head > ----------------------------------- 头部结束
< body > ----------------------------------- 主体开始
< h2 > HTML 欢迎您!</h2>
< font size = 3 >
刚刚尝试自己写网页,感觉很棒!
</font >
</body >
</html >
```

网页的运行效果如图 3.1 所示。

通过观察源代码可以看到,HTML 文件中有很多以尖括号括着的符号,如 html、body 和 head 等,这些符号称为标记。在 HTML 文件中大多数标记都是成对出现的。另外,标记可以有属性,引入属性为标记提供附加信息,如<font size=3>表示文字以 3 号大小显示。一般来说,大多数属性值不用加双引号,但是空格、%和♯等特殊字符的属性值必须加入双引号。所以提倡对所有属性值加双引号,如

    < font color = "♯ff00ff" face = "宋体" size = "30">字体设置</font >

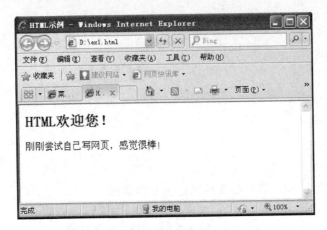

图 3.1 预览图

注意：输入开始标签时，不能在"＜"与标签名之间输入空格，也不能在中文输入法状态下输入这些标签及属性，否则浏览器不能正确地识别括号中的标签命令，无法正确地显示信息。

3.2 标准 HTML 文件的结构

基础知识：

一个标准的 HTML 文件一般包括以下标签：

- ＜html＞标签：此标签告诉浏览器此文件是 HTML 文档。
- ＜head＞标签：用来说明文件的相关信息，如文件的编写时间，所使用的编码方式，关键字等。标记中的内容不在浏览器窗口中显示。
- ＜body＞标签：网页的正文部分内容。

注意：

- 在 HTML 文件中标记是不分大小写的。
- HTML 文件中一行可以写多个标记，一个标记也可以分多行写。
- HTML 源文件中的换行、回车符和空格在网页中是显示不出效果的，可以采用相应的替换符表示，如表 3.1 所示。

表 3.1 常见的特殊符号的替换符

特 殊 符 号	替 换 符	特 殊 符 号	替 换 符
分段	＜p＞	&	&amp;
分行	＜br＞	＜	&lt;
空格		＞	&gt;
引号	&quot;		

3.3 HTML 基本标记与属性

3.3.1 head 标记的用法

head 标记中的元素如表 3.2 所示。

表 3.2　head 标记的常见标记

标 签 名 称	说　　明
title	文档标题
meta	描述非 HTML 标准的一些文档信息
link	描述当前文档与其他文档之间的连接关系
script	脚本程序内容
style	样式表内容

下面简要介绍一下各个部分的功能及用法：

（1）title：title 中的内容将会显示在浏览器窗口的标题栏中。给自己的网页起一个适当的名字，可以使浏览者在打开网页之前对网页的内容有一个大概的了解。

语法格式：<title> … </title>

在省略号处加入的文字或符号将显示在浏览器的标题栏中。

（2）meta：meta 元素提供的信息是用户不可见的。下面是 meta 的几种用法：

① 定义搜索关键字。

```
< meta name = "keywords" content = "html,css,javascript">
< meta name = "description" content = "网页制作">
```

第一条语句定义了关键字的 meta 元素，关键字为"html,css,javascript"；第二条语句定义了描述的 meta，描述的内容是"网页设计"。这些信息对于浏览者是不可见的，主要是提供给那些搜索引擎使用。

② 控制页面缓存。

```
< meta http - equiv = "pragma" content = "no - cache">
```

浏览器一般为了节约网络资源，会在本地硬盘上保存一个网上的文件作为临时版本。在用户下次打开这个网页的时候，浏览器将会直接调用硬盘上的这个版本，如果需要每次打开网页的时候看到的都是最新版本，那么就在网页上设置页面缓存关闭。

③ 定义语言。

```
< meta http - equiv = "content - type" content = "text/html";charset = "GB2312">
```

设定网页的编码方式为 GB2312。这样，浏览器就可以正确地显示中文网页，而不会出现乱码，如果想要显示繁体中文，将 GB3212 替换为 BIG5 就可以了。

④ 刷新页面。

```
< meta http - equiv = "refresh"content = "60",URL = "new. htm">
```

使浏览器按照 content 属性中指定的时间跳转到设定的 URL 地址。具体的执行效果是在打开页面 60s 后调用一个新的页面 new.htm。如果没有找到 new.htm,浏览器就执行刷新本页的操作。

（3）link：用来指定当前文档和其他文档之间的联接关系。

语法格式：＜link rel＝"描述" href＝"URL 地址"＞

rel 说明两个文档之间的关系,href 说明目标文档名。下面是指定外联样式表文件的例子：

＜link rel = "stylesheet" href = "style.css"＞

（4）script：标记用来在页面中加入脚本程序。

语法格式：＜script language＝"脚本语言"＞ …＜/script＞

在 language 中一定要指定脚本语言的种类,如 VBScript、JavaScript。

（5）style：用来指定当前文档的所应用的样式文件。样式主要用来设置网页的字体格式、背景和边界等。详细介绍请大家参阅第 4 章有关内容。

小提示：

如何看 HTML 的源代码?

要查看网页中的源代码有两种方法：一是单击鼠标右键,在弹出的快捷菜单中选择"查看源文件"命令；二是选择浏览器菜单栏中的"查看"→"网页源文件"命令。

3.3.2 body 标记的主要用法

body 表示网页的主体,body 标记由＜body＞开始,由＜/body＞结束。下面看一下body 标记的常用属性,如表 3.3 所示。

表 3.3　body 标记的常见属性

属性名称	说　明	属性名称	说　明
bgcolor	背景色	alink	活动链接文字颜色
background	背景图案	vlink	已访问链接文字颜色
text	文本颜色	leftmargin	页面左侧的留白距离
link	链接文字颜色	topmargin	页面顶部的留白距离

下面介绍各个部分的功能及用法：

属性 bgcolor 用来指定页面的背景颜色。在 Microsoft 公司的 IE 浏览器中,默认情况下是白色,Netscape 公司的 Navigator 浏览器中默认情况是灰色。语法格式：＜body bgcolor＝"颜色值"＞,颜色值可以取 Black、Olive、Teal、Red、Blue、Maroon、Navy、Gray、Lime、Fuchsia、White、Green、Purple、Silver、Yellow 和 Aqua 等颜色。

属性 background 用来指定页面的背景图案。语法格式：＜body background＝"URL"＞,其中 URL 为背景图像所在的路径。

几种文字的属性：

text 表示非链接文字的颜色,link 表示可链接文字的颜色,alink 表示正被单击的可链接文字的颜色,vlink 表示已被单击的可链接文字的颜色,leftmargin 表示页面左侧的留白,topmargin 表示页面顶部的留白。

语法格式：

```
< body text = "color" link = "color" alink = "color" vlink = "color">
< body leftmargin = "value" topmargin = "value">
```

示例：

```
< html >
< head >
< title > body 元素示例</title>
</head>
< body bgcolor = " # ff0000" text = " # ffff00" leftmargin = "100">
< p >这里显示 body 的示例。</p>
</body>
</html>
```

在代码中设置页面背景颜色为"红色"(#FF0000 为红色的 RGB 颜色值)，文本为"黄色"(#FFFF00 为黄色的 RGB 颜色值)，正文离页面左间隙为 100px。

预览效果如图 3.2 所示。

图 3.2　预览效果图

3.3.3　标题标记

HTML 中提供了 6 个级别的标题，写法<hn>，n 是标题的等级，n 可取 1～6 之间的数，n 越小，标题字号就越大。在书写标题标签时，必须成对书写，标题标签显示的效果为左对齐，文字加粗，黑体。

实例如下：

```
< html >
< head >
< title >标题标签示例</title>
</head>
< body >
< h1 >一级标题</h1>
< h2 >二级标题</h2>
< h6 >六级标题</h6>
</body>
</html>
```

预览效果如图 3.3 所示。

图 3.3　预览效果图

可以通过 align 属性设置标题的对齐方式。如<h1 align="center">,设置标题 1 中的文字居中对齐。

3.3.4　字体标记

HTML 定义了很多字符格式标记,如加粗和倾斜文本标记,常见的格式标记如表 3.4 所示。

表 3.4　常见文本格式标记

标 签 名 称	说　　明
font	最灵活的格式标记,可以在其中字义文字字体、字号、颜色等属性
b	粗体 bold
i	斜体 italic
del	文字中划线表示删除
ins	文字中加下划线
sub	文字作为下标
sup	文字作为上标
blockquote	缩进表示引用
pre	保留空格和换行

例子源代码如下:

```
<html>
<head>
<title>body 元素示例</title>
</head>
<body>
<p><b>粗体用 b 表示。</b></p>
<p><i>斜体用 i 表示。</i></p>
<p><del>唱响中国</del>这个词当中划线表示删除。</p>
```

```
<p><ins>想唱就唱</ins>这个词下划线插入。</p>
<p>X<sub>5</sub>其中的 5 是下标</p>
<p>X<sup>5</sup>其中的 5 是上标</p>
<p><blockquote>锄禾日当午,汗滴禾下土。这句话缩进表示引用</blockquote></p>
<pre>
这是
预设(preformatted)文本.
在 pre 这个 tag 里的文本        保留空格和分行。
</pre></body></html>
```

预览效果如图 3.4 所示。

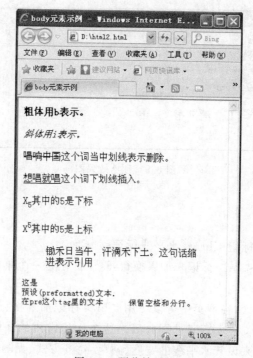

图 3.4　预览效果图

因为<font>标记使用的很频繁,所以对这个标记单独介绍。使用<font>标记可以设置文本的字体样式、字体大小和字体颜色。常用的属性如表 3.5 所示。

表 3.5　font 标记的常见属性

属 性 名 称	说　　明
face	设置字体,可以设置为中文字体或者英文字体。如华文行楷、arial 字体
size	文字大小的设置,可取 1~7 之间的值
color	文字颜色,可以设置为颜色的英文单词,或者是一个十六进制数

具体使用方法可参考如下实例:

```
<html>
<head>
<title>字体标记示例</title>
</head>
<body>
<font face="华文行楷" size="5" color="red">华文行楷文字,5号大小,颜色红色示例</font>
</body>

</html>
```

预览效果如图 3.5 所示。

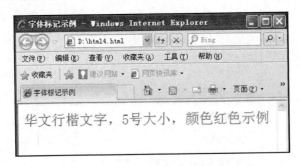

图 3.5　预览效果图

3.3.5　区块标记

区块标记包括换行标记
、水平线标记<hr>。

在网页中可以使用
标记来加入换行,这个标记是一个单标记,而且很少用属性来修饰。

如果需要将网页分区,在网页中可以使用
标记加入换行效果。为了使页面层次清晰,可以使用<hr>水平线标记进行分区。这个标记常用的属性有 width、color、align、noshade 和 size,分别用来设置水平线的宽度、颜色、对齐方式、无阴影效果和高度。

和<hr>标记的使用方法可参考如下的实例:

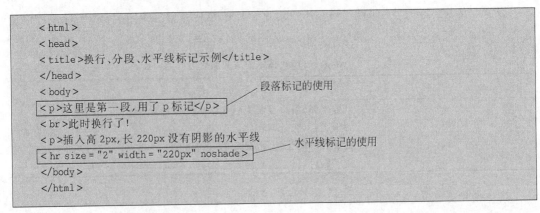

```
<html>
<head>
<title>换行、分段、水平线标记示例</title>
</head>
<body>
<p>这里是第一段,用了 p 标记</p>          段落标记的使用
<br>此时换行了!
<p>插入高 2px,长 220px 没有阴影的水平线
<hr size="2" width="220px" noshade>          水平线标记的使用
</body>
</html>
```

网页预览效果如图 3.6 所示。

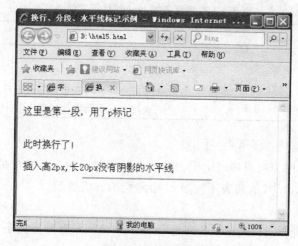

图 3.6　预览效果图

3.3.6　列表标记

列表是一种将同类数据进行结构化组织,通过组织可以使文档结构更加清晰明确。HTML 中常用的列表形式包括有序列表、无序列表和用户自定义列表。

(1) 有序列表。

使用标签<ol>和<li>来表示,<ol>标记表示有序列表的开始部分,<li>表示列表中的一个列表项。这两个标记必须配合起来使用。使用方法如下:

```
<ol>
<li>橘子</li>
<li>香蕉</li>
<li>柠檬</li>
</ol>
```

在浏览器中的显示效果如图 3.7 所示。

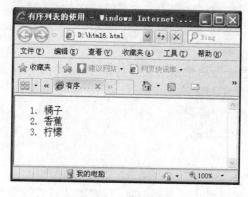

图 3.7　预览效果图

有序列表除了可以以数字形式显示以外,还可以使用表 3.6 所示的其他表示方式。

表 3.6　有序列表的 type 属性可取值表

属　性　值	说　明
"a"	列表按小写英文字母顺序 a、b、c 排列
"A"	列表按大写英文字母顺序 A、B、C 排列
"i"	列表按小写罗马数字顺序 i、ii、iii 排列
"I"	列表按大写罗马数字顺序 I、II、III 排列

写法：<ol type="a">…</ol>

补充说明：也可以为列表项<li>标记增加上述属性，效果是相应的列表项以 li 中定义的方式显示，如(a,b,c)，其他列表项按照 ol 中定义的方式显示。

（2）无序列表。

使用圆圈、方框等标识符来标识各列表项，列表项之间没有顺序关系。无序列表由<ul>开始，每个列表项使用<li>标记表示。表示方法如下：

```
<ul>
<li>橘子</li>
<li>香蕉</li>
<li>柠檬</li>
</ul>
```

在浏览器中的预览效果如图 3.8 所示。

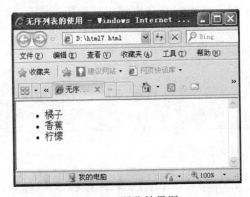

图 3.8　预览效果图

无序列表也可以通过 type 属性来定义项目符号，常见的 type 属性取值如下：

- type="disc"：表示实心圆。
- type="circle"：表示空心圆。
- type="square"：表示方框。

3.3.7　图片标记

使用<img>标记能够将图片插入到网页中，对图片可以设置宽度、高度和替代文字等属性。基本的语法格式如下：

```
< img src = "url">
```

图像可以是本机上存储的文件,也可以是存储在因特网中某台服务器上的文件,URL代表了所插入图片的路径。有绝对路径和相对路径两种表示方法。下面分别说明绝对路径和相对路径。

绝对路径是指带有域名的完整路径,如 http://www.xysfxy.cn/index.asp 是咸阳师范学院网站首页的绝对路径。

相对路径是从当前文件所在的位置找到其他文件或文件夹的路径关系,也就是两者之间的相对位置。可以将相对路径分为三种情况:

(1) 源文件和引用文件在同一个目录下:src="引用的文件名"。

(2) 在源文件中引用当前目录的下级目录:src="当前文件夹名/引用的文件名"。

(3) 引用源文件所在目录的上一级目录:src="../当前文件夹名/引用的文件名"。

图像常见的属性有 width、height 和 align 等,常见的属性值如表 3.7 所示。

表 3.7　图像常见的属性值

属　　性	说　　明
border	设置图像的边框
width	设置图像宽度
height	设置图像高度
align	设置图像的对齐方式,可取 left、right、center 和 top 等

实例的源代码如下:

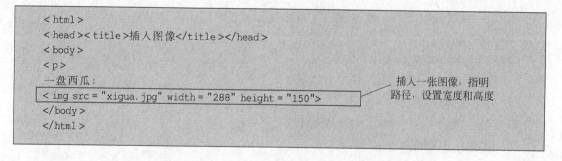

```
< html >
< head >< title >插入图像</ title ></ head >
< body >
< p >
一盘西瓜:
< img src = "xigua.jpg" width = "288" height = "150">
</ body >
</ html >
```

插入一张图像,指明路径,设置宽度和高度

预览效果如图 3.9 所示。

图 3.9　预览效果图

131

章

HTML

常见错误分析：

当网页中图片无法显示时，会显示红色的错号×，造成这种错误的原因很多，可能是文件路径错误，或者是文件名不正确，也有可能是路径中含有中文或非法字符导致乱码，服务器无法解析。

3.3.8 超链接标记

超链接是万维网上网页的灵魂，通过超链接可以使存储在因特网上不同位置的网页之间实现跳转。设置超链接的格式如下：

```
< a href = "目标 url">…</a>
```

描述：href 属性设置要链接的目标 URL 地址。

超链接可以分成外部链接和内部链接。外部链接链接至网络上的某个 URL 网址或文件。内部链接则链接到本站点内的其他网页。

1. 内部链接

- 以绝对路径表示：如<A HREF="c:\study\HTML 教程\link01.htm">文件的链接</A>。
- 以相对路径表示：如<A HREF="link01.htm">文件的链接</A>。
- 链接上一目录中的文件：如<A HREF="../../Internet/IP 地址">IP 地址</A>。

2. 外部链接

形式："协议名://主机.域名/路径/文件名"。

其中协议包括：

- File：本地系统文件。
- http：WWW 服务器。
- ftp：ftp 服务器。
- telnet 协议：基于 TELNET 的协议。
- mailto：电子邮件字段。
- news Usenet：表示新闻组。
- gopher：GOPHER 服务器。
- wais：WAIS 服务器。

在 HTML 文件中，如果要链接到其他主机上的文件时，格式如下：

```
< A HREF = "http://www.swufe.edu.cn/default.htm">西南财大</A>
< A HREF = "telnet://bbs.swufe.edu.cn">财大 bbs</A>
```

可以为网页中的文字、图像设置链接，也可以设置一个电子邮件链接。操作方法分别如下：

对文字设置链接：<a href="url">我是超链文字,点了我就会有超链效果</a>

对图像设置链接：<a href="url"><img src="imgurl"></a>

建立电子邮件链接：<a href="mailto:电子邮箱地址"></a>

实例：

```
< html >
< head >< title >超链接设置</title ></head >
< body >
< a href = "html1.html">我是超链接文字,点了我就会有超链接效果</a><p>
对图像设置链接:< a href = "html1.html">< img src = "1.jpg"></a><p>
建立电子邮件链接:< a href = "mailto:mminnaliu@163.com">电子邮件链接</a><p>
</body >
</html >
```

预览效果如图 3.10 所示。

图 3.10　预览效果图(1)

说明:当文字设置了超链接效果,文字会以蓝色带下划线的形式显示。设置超链接后,图像会显示出 1px 的边框效果。当单击设置了邮件超链接的文字后会打开微软的客户端邮件系统 Outlook Express,在新邮件窗口中编辑邮件,将邮件发送到指定的收件人邮箱(此收件人地址是在代码 mailto:mminnaliu@163.com 中设置的),如图 3.11 所示。

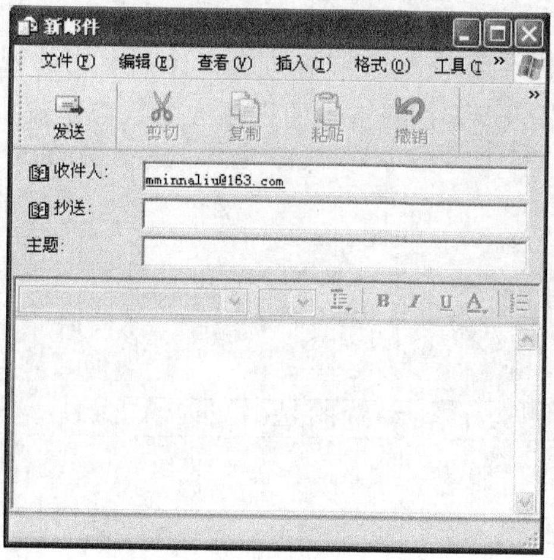

图 3.11　预览效果图(2)

3.3.9 多媒体标记

网页中的多媒体主要包括音频、视频和动画等。在网页中可以插入背景音乐,插入视频和动画。下面来具体介绍如何插入这些元素。

1. 背景音乐标记<bgsound>

可以将音乐文件在后台作为背景音乐进行播放。背景音乐标记的使用方法:

```
< bgsound src = "url"  loop = "1"/>
```

说明:

(1) src 的值为背景音乐文件路径,loop 表示播放次数,loop=1 表示播放一次就停止,当希望无限次播放时可以设置此值为-1。

(2)<bgsound>是一个标记,不是属性。

(3) 此标记在 IE 中可以播放,但是在火狐等其他浏览器中不起作用,解决方法可以采用<embed>标记来代替 bgsound 播放背景音乐。

写法:< embed src = "url" width = "100" height = "100" autostart = "true" loop = "true"/>

通过 embed 标记插入声音文件后,网页中会出现音频控制器,可以通过按钮控制声音的播放和停止。如果不希望看到音频控制器,可以通过 hidden 属性将其隐藏。但是,隐藏后应该能让其自动播放,即将 autostart 设置为 true。

说明:在网页中使用背景音乐可以使网页更加生动,但是引入背景音乐会增加网页的大小,导致下载速度过慢。在使用背景音乐时要注意以下问题:

(1) 最好使用常用的音频格式,如 MP3、WAV 等格式,避免出现音乐文件无法播放的情况。

(2) 不要给同一个网站里多个网页添加背景音乐,最多只有一个页面有背景音乐,背景音乐过多会使浏览者注意力过多转移到音乐本身,而且随着页面的跳转播放不同的音乐会使网站显得很杂乱。

2. 视频和动画标记

可以通过<embed>标记来插入视频和动画文件。常用的视频文件格式是 MPG、RM 和 AVI 等,动画文件格式是 SWF。网络中的视频大多数都是流媒体视频,优点是可以一边下载一边播放。

实例源代码如下:

```
< html >
< head >< title >插入视频</title ></head >
< body >
< embed src = "song1.wmv" width = "300" height = "220" autostart = "true" loop = "true"/>
</body >
</html >
```

预览效果如图 3.12 所示。

图 3.12　预览效果图

例子中通过＜embed＞标记在网页中插入视频播放器,设置播放器的大小是 300×220,网页打开后会自动、循环播放音乐文件 song1. wmv。

在网页中也可以通过＜object＞标记来添加音乐播放器,此标记以 ActiveX 的方式在浏览器中嵌入播放器,可以对媒体更高品质的播放和控制。但这种方式需要浏览器安装相应的 ActiveX 控件,并且火狐对＜object＞标记支持不完全。

此标记的部分核心代码:

```
< object classid = "clsid:D27CDB6E - AE6D - 11cf - 96B8 - 444553540000" codebase = "http://
download. macromedia. com/pub/shockwave/cabs/flash/swflash. cab # version = 6,0,29,0" width
= "775" height = "428">
< param name = "movie" value = "swf/index. swf">
< param name = "quality" value = "high">
< embed src = "swf/index. swf" quality = "high" pluginspage = "http://www. macromedia. com/go/
getflashplayer" type = "application/x - shockwave - flash" width = "775" height = "428">
</embed>
</object>
```

其中通过＜param＞标记定义了参数 movie 和 quality,它们的值分别为"swf/index.swf"和"high",表示引入的动画文件是 swf 文件夹下的 index. swf,这种影片播放的质量级别高。在＜embed＞标记中将定义的参数(如 movie、quality)进行赋值。

3.3.10　滚动字幕

＜marquee＞标签可以实现元素在网页中移动,达到动感十足的视觉效果。这个标记只能应用在 IE 浏览器中,不推荐过多使用。在其他浏览器中会忽略＜marquee＞标记及其属性,但是不会忽略其中的内容,会将内容以静态形式显示在浏览器中。

<marquee>标记是一个成对的标签,书写格式为<marquee>…</marquee>。

<marquee>标签有很多属性,通过这些属性来定义元素的移动方式。如表 3.8 所示。

表 3.8 **<marquee>** 的属性

属 性	描 述
align	指定对齐方式,top、middle、bottom
scroll	单向运动
slide	如幻灯片,一格格的,效果是文字一接触左边就停止
alternate	左右往返运动
bgcolor	设定文字卷动范围的背景颜色
loop	设定文字卷动次数,其值可以是正整数或 infinite(表示无限次),默认为 infinite
height	设定字幕高度
width	设定字幕宽度
scrollamount	指定每次移动的速度,数值越大速度越快
scrolldelay	文字每一次滚动的停顿时间,单位是毫秒。时间越短滚动越快
hspace	指定字幕左右空白区域的大小
vspace	指定字幕上下空白区域的大小
direction	设定文字的卷动方向,left 表示向左,right 表示向右
behavior	指定移动方式,scroll 表示滚动播出,slide 表示滚动到一方后停止,alternate 表示滚动到一方后向相反方向滚动

实例:

```
<html>
<head><title>滚动字幕例子</title></head>
<body>
<marquee>我来了</marquee>
<p>
<marquee height = "200" direction = "up" hspace = "200">我来了</marquee>
<marquee width = "500" behavior = "alternate">我来了</marquee>
<p><marquee behavior = "slide">我来了</marquee>
<p><marquee><img src = "2.jpg">我来了</marquee>
<p><marquee bgcolor = "#FFFFCC" width = "700" vspace = "30"><font size = "+3" color = "#FF0000">我来了</font></marquee>
</body>
</html>
```

代码分析:

<marquee height="200" direction="up" hspace="200">我来了</marquee>表示文字"我来了"在一个 200px 高度的区域从下向上运动,字幕距左边浏览器边框空白区域的值为 200px。

<marquee width="500" behavior="alternate">我来了</marquee>表示文字"我来了"在宽为 500px 的范围进行首次从右向左运动,紧接着从左向右往返运动。

<marquee behavior="slide">我来了</marquee>表示文字在浏览器窗口进行从右

向左运动,移动到页面左边界时停止运动。

<marquee><img src="2.jpg">我来了</marquee>表示滚动的对象是插入的图像和文字,二者以默认的从右向左方式运动。

<marquee bgcolor="♯FFFFCC" width="700" vspace="30"><font size="+3" color="♯FF0000">我来了</font></marquee>将文字以 3 号红色显示,滚动区域宽为 700 像素,背景色是粉色,距离浏览器左边框为 30px,文字从右向左运动。

3.3.11　表格标记

在网页中可以制作数据表格,如成绩表、课程表等。也可以使用表格对网页进行布局,可将文字及图像按照一定的行列进行布置,以便更好的表示信息,对信息进行排版布局。

表格的基本结构包括行、列和单元格等,如图 3.13 所示。

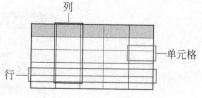

图 3.13　表格的基本结构

表格是用<table>标签定义的。表格可以被划分为行(使用<tr>标签),每行又被划分为数据单元格(使用<td>标签)。td 表示"表格数据(Table Data)",即数据单元格的内容。数据单元格中可插入文本、图像、列表、段落、表单、水平线和表格等。表格常见的标记如表 3.9 所示。

表 3.9　表格常用标记说明

标签	描述
<table>…</table>	用于定义一个表格的开始和结束
<tr>…</tr>	定义一行标签,一组行标签内可以建立多组由<td>或<th>标签所定义的单元格
<th>…</th>	定义表头单元格,表格中的文字将以粗体显示。在表格中可以不用此标签。<th>标签必须放在<tr>标签内
<td>…</td>	定义单元格标签,一组<td>标签将产生一个单元格。<td>标签必须放在<tr>标签内
<caption>…</caption>	定义表格的标题

表格的实例如下:

```
< HEAD >
< TITLE >一个简单的表格</TITLE >
</HEAD >
< BODY >
< table border = "2">   <! -- border 是表格的边框属性, = "2",即边框的宽为 2 像素 -->
< tr >              <! -- 定义表格的行 -->
< th >1 row 1 col</th>
< th >1 row 2 col</th>
< th >1 row 3 col</th><! -- 定义表格的表头,即标题 -->
 </tr >              <! -- 行结束 -->
```

```
< tr >
< td > 2 row 1 col </td>
< td > 2 row 2 col </td>
< td > 2 row 3 col </td>
</tr>
</table>
</center >
</body >
</html >
```

预览效果如图 3.14 所示。

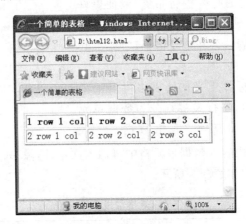

图 3.14　预览效果图

在网页中插入一个 2 行 3 列的表格，第一行中定义的是表头文字，以粗体居中形式显示，第二行以默认效果显示（左对齐）。

现在来看表格<table>标记的常用属性，如表 3.10 所示。

表 3.10　table 常见属性

属　　性	描　　述
width	表格的宽度
height	表格的高度
align	表格在页面的水平摆放位置
background	表格的背景图片
bgcolor	表格的背景颜色
border	表格边框的宽度（以像素为单位）
bordercolor	表格边框颜色
cellspacing	单元格之间的间距
cellpadding	单元格内容与单元格边界之间的空白距离的大小
summary	对表格格式或内容进行简要说明，不在网页上显示

下面对下列代码段中的<table>标记属性作分析。

< table border = 10 bordercolor = " # 006803" align = "center" bgcolor = " # DDFFDD" width = 500

```
height = "200"  background = "../../imge/b0023.gif" cellspacing = "2" cellpadding = "8">
<tr>
<td>第1行中的第1列</td>
<td>第1行中的第2列</td>
</tr>
<tr>
<td>第2行中的第1列</td>
<td>第2行中的第2列</td>
</tr>
</table>
```

此表格边框为 10 像素,边框颜色为♯006803,表格在网页中居中对齐,背景颜色为♯DDFFDD,表格宽度为 500 像素,高度为 200 像素,具有背景(背景为图 b0023.gif),单元格间距为 2 像素,边距为 8 像素。

说明:

(1)<table>标记中的这些属性(如 width、height、bgcolor 和 background)都可以放在<td>标记中,作为单元格的属性。

(2)在<caption>标记、<th>标记和<td>标记中可以嵌套其他格式的标记,如<p>、<img>和<font>等标记。

(3)单元格中可以是文字、图像或表格,也就是说单元格中可以嵌套表格,构成复杂的表格结构。

(4)<tr>标记还有 align 和 valign 属性。align 属性是设置水平对齐方式,可以取值为 left、center 和 right;而 valign 属性设置垂直对齐方式,可取 top、bottom 和 middle。

(5)<td>标记还可以有 nowrap 属性,表示禁止表格单元格中的内容自动换行。

(6)在<tr>、<td>和<th>中可以使用 rowspan 和 colspan 属性实现单元格的合并。rowspan 设置一个表格单元格跨占的行数,rowspan=n 表示将 n 行作为一行;colspan 用来表示一个单元格扩展的列数,colspan =n 表示将 n 列作为一列。

3.3.12 表单标记

表单是网页中非常重要的组成部分,用来可以收集浏览者的信息,并且将信息提交给服务器进行处理,如图 3.15 所示。

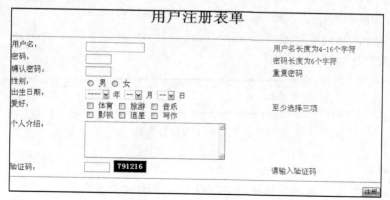

图 3.15　表单预览效果图

139

第3章

HTML

<form>是一个表单标记,可以嵌套表单控件,如文本框、单选按钮、复选框和"提交"按钮等。

表单的一般格式:<form name="formname" method="method" action="url">…</form>。

- name:表示表单的名称,在一个网页中可以有多个表单,这些表单主要通过名称来区别。

- method:表示提交表单的方式,其取值为 get 或者 post。get 的方式是将表单标签的 name/value 信息经过编码之后通过 URL 发送,可以在地址栏里看到提交的信息。而 post 则将表单的内容通过 http 发送,在地址栏看不到表单的提交信息。那什么时候用 get,什么时候用 post 呢? 如果只是为取得和显示数据,用 get;一旦涉及数据的保存和更新,那么建议用 post。

- action:表示定义处理表单数据的程序的位置。

- enctype:用来设置表单资料的编码方式。

1. 文本框(text)

在文本框中可以接收用户输入的字符信息。文本框的书写方法如下:

< input type = "text" name = "name" size = "20">

其中,包括下列属性。

- name="名称":表示文本框的名称,在程序中常会用到。

- size="数值":设定文本框显示的宽度。

- value="预设内容":设定文本框的预设内容。

- align="对齐方式":设定文本框的对齐方式,其值有 top(向上对齐)、middle(向中对齐)、bottom(向下对齐)、right(向右对齐)、left(向左对齐)、texttop(向文字顶部对齐)、baseline(向文字底部对齐)、absmiddle(绝对置中)和 absbottom(绝对置下)等。

- maxlength="数值":设置文本可输入的最大长度。

2. 单选按钮(radio)

提供给用户进行选择,特点是在一组单选按钮里用户只能选择一项。常见表示方法如下:

男性:<input type="radio" name="sex" value="boy">
女性:<input type="radio" name="sex" value="girl">
运行效果如图 3.16 所示。

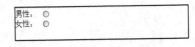

图 3.16　单选按钮效果

属性说明:
- name="名称":表示单选按钮字段的名称,程序中常会用到。
- type="名称":表示单选按钮组的名称,同一组的按钮 type 字段的值必须一致。

- value="内容"：表示按钮如果选中代表的内容或值。
- align="对齐方式"：设定按钮的对齐方式，可取 top（向上对齐）、middle（向中对齐）、bottom（向下对齐）、right（向右对齐）、left（向左对齐）、texttop（向文字顶部对齐）、baseline（向文字底部对齐）、absmiddle（绝对置中）和 absbottom（绝对置下）等。
- checked：设定按钮为预设选取值。

3. 复选框（checkbox）

利用＜input type＝"checkbox"＞会产生复选框，通常会提供多个选项供使用者选择，一次可以同时选中几个。

常见的属性：

- type= "名称"：表示按钮组的名称，位于同一组的多个按钮的 type 字段的值必须相同。
- name="名称"：设定复选框的名称，程序中常会用到此属性。
- value="内容"：复选框的内容。
- align="对齐方式"：复选框的对齐方式，可取 top（向上对齐）、middle（向中对齐）、bottom（向下对齐）、right（向右对齐）、left（向左对齐）、texttop（向文字顶部对齐）、baseline（向文字底部对齐）、absmiddle（绝对置中）和 absbottom（绝对置下）等。
- checked：设定为预设选取值。

4. 密码框（password）

利用＜input type＝"password"＞会产生一个密码框。密码框和文本框长得几乎一样，差别就在于密码框输入时全部会以黑色的点来取代输入的文字，以防他人偷窥。

常见属性：

- name="名称"：设置密码框的名称，程序中常会用到。
- size="数值"：设定密码框显现的宽度。
- value="预设内容"：密码框预设内容，以星号显示。
- align="对齐方式"：设定对齐方式，其值有 top（向上对齐）、middle（向中对齐）、bottom（向下对齐）、right（向右对齐）、left（向左对齐）、texttop（向文字顶部对齐）、baseline（向文字底部对齐）、absmiddle（绝对置中）和 absbottom（绝对置下）等。
- maxlength="数值"：设定输入的最大长度。

5. 提交按钮（submit）

通常将表单数据填完之后，都会有一个确定按钮以及清除重写的按钮，这两种按钮分别是利用＜input type＝ "submit"＞及＜input type＝"reset"＞来产生。

按钮常见的属性：

- name="名称"：设置按钮的名称。
- value="文字"：设置按钮上要呈现的文字，若是没有设定，浏览器也会自动加上"查询"、"重设"等字样。
- align="对齐方式"：设置按钮的对齐方式，其值有 top（向上对齐）、middle（向中对齐）、bottom（向下对齐）、right（向右对齐）、left（向左对齐）、texttop（向文字顶部对齐）、baseline（向文字底部对齐）、absmiddle（绝对置中）和 absbottom（绝对置下）等。

6. 下拉框（select）

利用＜select name＝"名称"＞可以产生一个下拉框，在下拉框中需要配合＜option＞来产生列表中的选项。

下拉框的例子：

```
< form >
您喜欢网页设计课程吗?:
< select name = "like">
< option value = "very">非常喜欢
< option value = "soso">还算喜欢
< option value = "not">不太喜欢
< option value = "dislike">非常讨厌
</select >
</form >
```

7. 文本域（textarea）

在表单中有时需要让使用者输入大量的文字，此时文本框的字数限制就显得力不从心，可以利用＜textarea＞＜/textarea＞产生可以输入大量文字的控件。

本文域的例子：

```
< form >
请输入您的意见: < br >
< textarea name = "talk" cols = "20" rows = "3"></textarea >
</form >
```

8. 文件域（file）

可以让用户在文件域中填写添加文件的 URL，通过表单上传。文件域是一个文本框加一个"浏览"按钮，用户可以将上传到网站的文件路径写在文本框上，也可以通过单击"浏览"按钮，在对话框中选中添加的文件。

在将表单中的数据进行提交时，还可以通过电子邮件方式进行提交，可以给＜form＞标记中的 action 属性赋一个接受表单数据的电子邮箱地址，并且指明编码方式。代码如下：

```
< form action = "MAILTO:someone@w3school.com.cn" method = "post" enctype = "text/plain">
```

单击"确定"按钮后的运行效果如图 3.17 所示，此时弹出 Outlook Express 对话框，提示将表单数据以邮件形式发送。

图 3.17　Outlook Express 对话框

补充：

表单的布局设计中，经常需要表格来排版。表单和表格的正确嵌套顺序是＜form＞＜table＞…＜/table＞＜/form＞。

3.3.13　框架

框架是将浏览器窗口划分为不同的部分，每部分载入不同的网页，从而获得在一个浏览器窗口同时显示多个页面的特殊效果。此外，通过为超链接指定目标框架，可以为框架间建立内容之间的联系，可以实现页面导航的功能。

例如，有两个网页 a.html 和 b.html，现在需要建立一个框架网页，在这个网页中可以将上述两个网页同时显示在一个页面中。

a.html 文件的预览效果如图 3.18 所示，b.html 文件的预览效果如图 3.19 所示。

图 3.18　a.html 文件的预览效果　　　　图 3.19　b.html 文件的预览效果

框架网页的预览效果如图 3.20 所示。

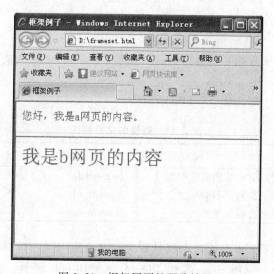

图 3.20　框架网页的预览效果

利用框架技术可以实现将多个网页显示在一个页面上。

建立框架网页的步骤可以简单归纳如下：

（1）确定网页的框架数目、大小及位置。

（2）制作框架的内容。

（3）设置框架的格式，如设置框架的上下界大小、框线大小、框线颜色、是否显示卷轴等。

（4）针对不支持框架的浏览器设计网页内容。

在此，需要使用<frameset>、<frame>和<noframe>这几个标记。使用<frameset>和<frame>标记建立框架结构。含框架结构的网页与一般的 html 文件并无大的区别，只是将<frameset>标记取代<body>标记，在<framset>标记中可以声明框架网页及各个框架的间距、维数和属性等。<frame>标记用来声明框架页面的内容，其基本结构为：

```
< frameset >
< frame src = "url">
< frame src = "url">
...
</frameset >
```

注意：在框架集页中不能有 body 标记符。

包含框架结构的文件结构：

```
< html >
< head >
< title ></title >
</head >
< frameset >
< frame src = "url">
< frame src = "url">
</frameset >
</html >
```

下面来详细介绍<frameset>和<frame>标记。

1. <frameset>标记

用途：用来定义一个框架组的属性。

格式：<frameset rows＝"行数" cols＝"列数" border＝"像素数"bordercolor＝"颜色" frameboder＝"yes/mo" framespacing＝"值">…</frameset>。

常用的属性如表 3.11 所示。

表 3.11　框架的常见属性

属　　性	功　　能	属　　性	功　　能
rows	设定横向分割的框架数目	bordercolor	设定边框的颜色
cols	设定纵向分割的框架数目	frameborder	设定有/无边框
border	设定边框的宽度	framespacing	设置各窗口间的空白

rows、cols 属性说明：利用这两个属性设置框架结构中各窗口的尺寸。可将框架结构分割为多个区域，横向分割用 rows 属性，纵向分割使用 cols 属性，每一个区域的大小可以由这两个属性的值来实现。

<frameset cols＝♯>用来设置框架的列宽，如设置为<frameset cols="100,200,300">。

<frameset rows＝♯>用来设置框架的高度，如<frameset rows="10％,20％,70％">。

♯所表示的位置可以用包含一对引号的字符串代替,字符串中的数字表示每个分窗口所占的尺寸,数字中间用逗号隔开,有几个数字就表示分出了几个窗口。当然,也可以由"＊"来代替数字,表示由浏览器自动设置其大小。

例如,＜frameset cols＝"100,200,＊"＞ 将窗口在垂直方向上分出了三列,第一列占 100 像素,第二列占 200 像素,剩下的是第三列。

＜frameset cols＝"100,＊,＊"＞将 100 像素以外的窗口平均分配给其余两列。

＜frameset cols＝"＊,＊,＊"＞将窗口在垂直方向分为三等份。

2. ＜frame＞标记

用途:用于给各个框架指定页面的内容,也就是它将各个框架和包含内容的文件联系在一起。＜frame＞是一个单标记。

格式:

```
< frame  src = "源文件名.html"  name = "框架名"
border = "像素数" bordercolor = "颜色" frameborde = yes 或 no
marginwidth = x scrolling = yes 或 no 或 auto noresize >
```

- src:表示该框架对应的源文件。
- name:指定框架名,框架名由字母开头,下划线开头的名字无效。

例如:

```
< frame src = "aaal. html",name = "rgl">
< frame src = "../webl/page.html",name = "sub1">
< frame src = "http://www.phei.com.ch/book.html">,
```

在上面的代码中,一个含框架结构的浏览器窗口被分割为三个部分,每个部分引入的文件分别是 aaal. html、page. html 和 book. html。浏览器解析时会将这三个网页内容同时显示在框架页面中。

frame 标记常见属性如表 3.12 所示。

表 3.12　frame 常见属性

属　　　性	功　　　能
border	设定边框的宽度
name	为每一个窗口起一个名字
src	表示引入的网页文件的路径
bordercolor	设定边框的颜色
frameborder	设定有(yes)/无(no)边框
marginwidth	设置框架内容与左右边框的空白
marginheight	设置框架内容与上下边框的空白
scrolling	设置是(yes)/否 no/自动(auto)加入滚动条
noresize	设置不允许窗口改变大小,默认设置是允许窗口改变大小
target	指定了所链接的文件出现在哪一个窗口

target 属性的说明:

它指定了所链接的文件出现在哪一个窗口。target 的值可以是 name 定义的名称,也可以是以下 4 类值:

- ＜a href＝url target＝_blank＞:链接的目标文件被载入一个新的浏览器窗口。

- <a href＝url target＝_self>：链接的目标文件被载入到当前框架窗口中,用来代替正在显示的网页。
- <a href＝url target＝_parent>：目标文件将显示在 frameset 的父框架窗口。
- <a href＝url target＝_top>：链接的目标文件被载入整个浏览器窗口,同时删除原有的框架结构。

小提示：

如何学习框架部分?

框架结构理解起来有些难度,在学习时,可以动手写含框架的网页,然后再理解其原理。

3.3.14　HTML 中的注释标记

注释标签用来在网页中插入注释。注释会被浏览器忽略,可以使用注释对 HTML 代码进行说明,这样做有助于以后对代码进行编辑。也可以在注释中存储针对程序所定制的信息,这些信息对用户是不可见的,但是对程序来说是可用的。

注释的写法：

<! - -这是一段注释- ->

HTML 注释的例子：

```
<html>
<head><title>html 注释的例子</title></head>
<body>
<! -- 这是一段注释.注释不会在浏览器中显示. -->
<p>这是一段普通的段落.</p>
</body>
</html>
```

运行效果如图 3.21 所示。

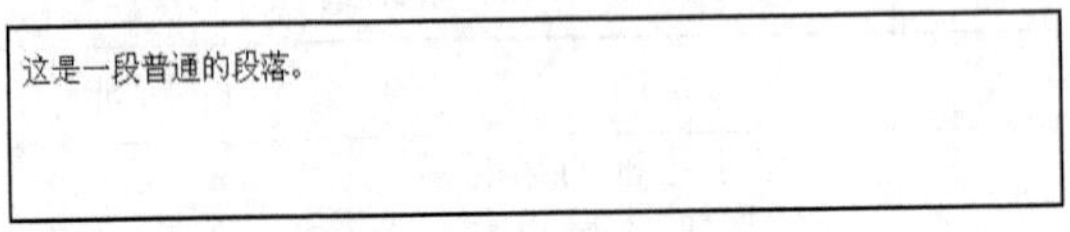

```
这是一段普通的段落。
```

图 3.21　运行效果

此时,注释文字没有显示在网页中。

习　题　3

建议安排 4 个上机课时。

1. 新建一个网页,在其中编辑文字,设置主标题文字的格式为 h2,颜色为♯006600,文字居中对齐;副标题颜色为♯006600,也是居中对齐。副标题与正文之间插入分段标记与水平线,水平线颜色为♯003399,居中对齐,长度为 90％,宽度为 4px,正文各段之间紧密换行,正文文字字体为仿宋,字号 3 号,颜色为♯003399。对标题文字设置超链接,链接为空链接(♯),效果如图 3.22 所示。

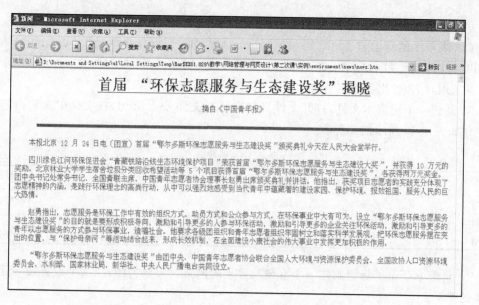

图 3.22　第 1 题预览效果图

2. 利用表单标记和表格标记编写一个有如图 3.23 所示效果的网页。

新会员注册

步骤(2/3) 请填写下面的表格,其中带星号(*)的项目必须填。

用户名:

密码(*): □□□□□□□□　(4~10个字母) 注:请不要使用重要的密码。

再次输入密码(*): □□□□□□□□

Email(*): □□□□□□□□

个人主页: □□□□□□□□

OICQ: □□□□□□□□

MSN: □□□□□□□□

真实姓名: □□□□□□□□

性别: ◉男　○女

生日: 1980 年 1 月 1 日

职业: □□□□□□□□

来自: □□□□□□□□

简介(200字以内):

签名(200字以内):
签名将出现在您发表的文章的结尾处。

提交啦!

图 3.23　第 2 题预览效果图

(1) 可采用表格进行布局。

(2) 表单中的标记有 form（表单域）、input（类型有 text、password、radio、checkbox 和 submit 等）、select 和 textarea 等。

(3) 用户名、性别和签名所在的行采用的背景色是♯EFEFEF。

3. 新建一个记事本文件，打开文件另存为网页文件 ex2. html，在文件中编辑内容。要求制作如表 3.13 所示的课程表。

表 3.13　课程表

	周一	周二	周三	周四	周五
第 1～2 节	数学	语文	英语	数学	语文
第 3～4 节	组装	数学	体育	语文	政治
第 5～6 节	英语	任选课	组装	任选课	Fireworks

4. 利用 marquee 标记制作一个有滚动效果的网页。可以为图片、文字设置按一定方向运动的效果。

第4章 CSS 基础知识

本章通过大量实例对 CSS 进行分析，包括 CSS 的基本语法和概念，使用 CSS 设置文字、图片、背景和表格等网页元素的样式，以及如何用 div+css 进行网页布局。

4.1 CSS 的概念

CSS(层叠样式表)主要用来控制网页的样式，可以实现网页的内容与网页的格式分离。在 CSS 中可以对网页的字体、颜色和背景等进行设置，同样可以结合 div 对网页进行布局。CSS 的出现引发了网页设计技术的改革。

CSS 的表示方法有行内法、内嵌式、链接式和导入式法。本书以内嵌式样式为主展开介绍。

实例1：CSS 小试牛刀。

```
< html >
< head >
< title >内嵌式样式</title>
< style type = "text/css">
p{
    font - family:隶书;
    font - size:20px;
        text - decoration:underline;
        }
</style >
</head >
< body >
< p >css 小试牛刀,文字隶书,20px,带下划线。
</body >
</html >
```

此处定义的是内嵌的样式

文字应用了p标记的新格式

预览效果如图 4.1 所示。

在网页文件中重新定义了<p>标记的样式，设置字体为隶书，大小为 20 像素，带下划线。只要此网页中出现 p 标记，系统将会自动应用我们定义的样式。

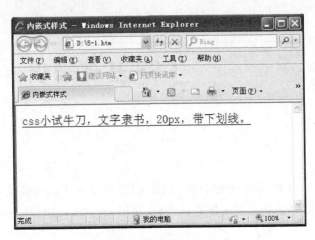

图 4.1　预览效果图

4.2　CSS 的常见用法

4.2.1　使用 CSS 设置文字效果

CSS 可以对网页中的文字进行设置,常见的文字格式设置如表 4.1 所示。

表 4.1　文字格式样式表

文 本 属 性	说 明
font-size	字体大小(单位有 pt、pc、px、in、cm 和 mm)
font-family	字体类型(如隶书 Arial 等字体)
font-style	字体样式:italic(斜体)、normal(正常)
color	文本的颜色(可以取颜色英文单词,或者给出 RGB 颜色模式的值)
font-weight	文字的粗细(可以给出一个数值,数值越大文字越粗)
text-decoration	文字特殊效果(可取 underline、overline 和 line-through)
text-align	段落文字的对齐方式(left、right、center 和 justify)
vertical-align	垂直对齐方式(对表格重要)(可取 top、bottom 和 middle)
line-height	设置行间距(一般行间距小于字体大小)
letter-spacing	设置字间距
float	首字放大(可取 left、right)
text-transform	英文字母大小写(可取 capitalize、uppercase 和 lowercase)

实例 2:制作 Google 公司的 Logo,如图 4.2 所示。

分析:该 Logo 由 6 个字母构成,每个字母的颜色不同。可以分别为每个字母定义样式。

图 4.2　预览效果图

实例 2 源代码：

```
< html >
< head >
< title > Google </title>
< style >
<! --
p{
    font - size:80px;
    letter - spacing: - 2px;          /* 设置字母间距 */
    font - family:Arial, Helvetica, sans - serif;
}
.g1, .g2{ color:＃184dc6; }
.o1, .e{ color:＃c61800; }          为Google中的6个字母
.o2{ color:＃efba00; }              分别定义了样式
.l{ color:＃42c34a; }
-->
</style>
</head>
< body >                       应用了名为g1的样式
< p >< span class = "g1" > G </span >< span class = "o1"  > o </span >< span class = "o2" > o </span >< span class = "g2" > g </span >< span class = "l"  > l </span >< span class = "e"  > e </span ></p>
</body ></html>
```

显示效果如图 4.3 所示。

图 4.3 Google 预览效果图

4.2.2 设置图片效果

可以为图片设置边框、位置等样式，具体样式如表 4.2 所示。

表 4.2　图片样式表

图片属性	说　明
border-style	设置图片边框的线型,可选 dashed、dotted、groove 和 solid
border-color	设置图片边框颜色
border-width	设置边框粗细
text-align	设置水平对齐方式,可选 left、right 和 center
vertical-align	设置与文字的垂直对齐方式,可取 bottom、super、sub 和 middle 等
float	设置文字环绕图片方式,可选 left 或 right
margin	图片与文字之间的距离
width	图片的宽度,可以给一个相对值,表示相对于父元素的宽度
height	图片的高度

实例 3：设置图片的边框效果。

利用 CSS 可以为图片的 4 个边框设置不同的样式风格。

```
< html >
< head >
< title >分别设置 4 边框</title>
< style >
<! --
img{
    border - left - style:dotted;        /* 左边框线型为点划线 */
    border - left - color:♯FF9900;       /* 左边框颜色 */
    border - left - width:5px;           /* 左边框粗细 */
    border - right - style:dashed;       /* 右边框虚线 */
    border - right - color:♯33CC33;      /* 右边框颜色 */
    border - right - width:2px;          /* 右边框粗细 */
    border - top - style:solid;          /* 上实线 */
    border - top - color:♯CC00FF;        /* 上边框颜色 */
    border - top - width:10px;           /* 上边框粗细 */
    border - bottom - style:groove;      /* 下边框双线线型 */
    border - bottom - color:♯666666;     /* 下边框颜色 */
    border - bottom - width:15px;        /* 下边框粗细 */
}
-- >
</style>
    </head>
< body >
                                         此处应用了新定义的
                                         img标记的效果
    < img src = "grape.jpg">
</body>
</html>
```

效果如图 4.4 所示。

在上面的例子中定义了 img 标记的属性,给出了 4 个边不同的边框效果。

图 4.4　边框预览效果图

4.2.3　设置网页中的背景

利用 CSS 可以为网页设置背景颜色或者背景图片，CSS 中背景设置相关的属性如表 4.3 所示。

表 4.3　背景属性表

背　景　属　性	说　　明
background-color	背景颜色
background-image	设置背景图像 URL(图片路径)
background-repeat	设置一个指定的图像重复方式,可取值 repeat-x、repeat、no-repeat 和 repeat-y
background-position	设置背景图片的位置,如 bottom right
background-attachment	fixed(固定背景图片)

实例 4：为网页添加背景样式。

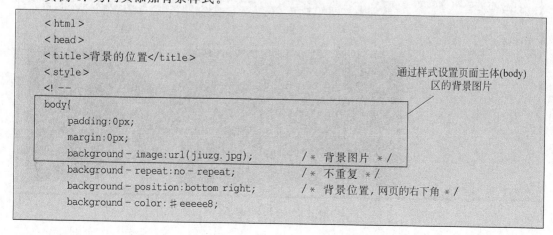

```
<html>
<head>
<title>背景的位置</title>
<style>
<! --
body{
    padding:0px;
    margin:0px;
    background - image:url(jiuzg.jpg);        /* 背景图片 */
    background - repeat:no - repeat;           /* 不重复 */
    background - position:bottom right;        /* 背景位置,网页的右下角 */
    background - color:#eeeee8;
```

通过样式设置页面主体(body)区的背景图片

153

第 4 章

```
}
span{
    font-size:70px;
    float:left; /* 首字放大 */
    font-family:黑体;
    font-weight:bold;
}
p{
    margin:0px; font-size:14px;
    padding-top:10px;
    padding-left:6px; padding-right:8px;
}
-->
</style>
    </head>
<body>
    <p><span>九</span>寨沟大多数湖泊形成源于水中所含碳酸钙。远古时代,地球处于冰期时,水中所含碳酸钙质无法凝结,只能随水漂流。到距今约 12000 年前,气候转暖后流水中的碳酸钙质活跃起来,一旦遇到障碍物便附着其上,逐渐积累,形成今天九寨沟中一条条乳白色的钙质堤埂,这些堤埂堆积起来形成堰塞湖。也就是所谓的"海子"。九寨沟山水约形成于第四纪古冰川时代,现保留大量第四纪冰川遗迹。由于富含碳酸钙质,湖底、湖堤、湖畔均可见乳白色碳酸钙形成的结晶,而来自雪山活水本身清澈,加之梯状湖泊层层过滤,其水色显得更加透明</p>    <p>游览区气候宜人,冬无寒风,夏季凉爽,四季美丽,是世界上旅游环境最佳的景区之一。
</p>
</body>
</html>
```

网页的运行效果如图 4.5 所示。

图 4.5 运行效果图

在网页中"九"字有首字下沉效果,图片 jiuzg.jpg 作为背景出现在网页的 bottom right (右下)位置。

4.2.4 设置项目列表

在 HTML 中,项目列表包括有序的<ol>标记和无序的<ul>标记,使用了 CSS 后,项目列表的表现形式发生很大变化,最典型的应用是将项目列表制作成导航条。

表 4.4 列出了在项目符号中常用的 CSS 属性。

表 4.4 列表的样式表

列 表 属 性	说 明	列 表 属 性	说 明
list-style-type	是否显示项目符号	float	水平或者垂直项目
list-style-image	设置图片符号		

实例 5:项目符号样式应用。

```
< html >
< head >
< title >菜单的横竖转换</title >
< style >
<! --
 ul {
     list - style - type:none;          不显示项目符号
 }

li {
     float:left;
     margin:2px;
}
a{
     display:block;                   超链接以区块显示,
     text - decoration:none;          超链接文字没有下划线
     margin:4px;
}
 -->
</style >
   </head >
< body >
< div >
   < ul >
       < li >< a href = " # " > Home </a ></li >
       < li >< a href = " # " > News </a ></li >
       < li >< a href = " # " > Suggestions </a ></li >
       < li >< a href = " # " > BBs </a ></li >
       < li >< a href = " # " > Contact us </a ></li >
   </ul >
</div >
</body >
</html >
```

运行效果如图 4.6 所示。

图 4.6　运行效果图

此外,还可以为超链接设置不同的伪类别(分别代表不同的状态)。

4.2.5　设置超链接的效果

超链接有如下 4 种伪状态:

- a:link:表示超链接的普通样式。
- a:visited:表示单击过的超链接样式。
- a:hover:表示鼠标指针经过超链接的样式。
- a:active:表示在超链接上单击时的样式。

注意:一般激活状态(a:active)很少用。在定义时,最好是按照上述顺序进行描述(先定义 link 状态,然后 visited,最后 hover)。

实例 6:在实例 5 的基础上增加超链接的三种伪状态,做出动态的超链接效果。

```
a:link{
    color:#002255;
    text-decoration:none;
}
a:visited{
    color:#003399;
    text-decoration:underline;
}
a:hover{
    color:#ffff00;
    text-decoration:none;
}
```

分别定义了三种伪状态文字颜色和文本修饰 (text-decoration)

4.3　Div+CSS 布局

如何理解 Div?

Div 是网页中常用的区块标记,在 Div 区块中可以放置段落、标题、表格和图片等网页元素。

4.3.1 盒子模型

盒子模型是 CSS 控制页面的重要概念,在网页中可以将所有的标记(如<p>标记、<img>标记等)都看成盒子,这些盒子具有边框,有一定的尺寸,占据着页面的一定空间。可以调整盒子的边框和距离等参数来控制盒子的位置(如图 4.7 所示)。

盒子模型常用的 CSS 属性如表 4.5 所示。

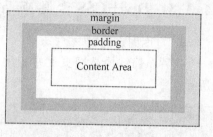

图 4.7 盒子模型

表 4.5 盒子模型的样式表

属　性	CSS 名称	说　明
边界属性	margin-top	设置盒子的上边距
	margin-right	设置盒子的右边距
	margin-bottom	设置盒子的下边距
	margin-left	设置盒子的左边距
边框属性	border-style	设置边框的样式
	border-width	设置边框的宽度
	border-color	设置边框的颜色
填充属性	padding-top	设置内容与上边框之间的距离
	padding-right	设置内容与右边框之间的距离
	padding-bottom	设置内容与下边框之间的距离
	padding-left	设置内容与左边框之间的距离

在 CSS 中,可以通过下面三种方式对网页中的盒子进行定位:

* float:设置元素相对于其他网页元素的定位方式,可以设置为 left、right 或默认 none。
* position:用来指定块的位置,可以取 absolute、relative 和 fixed。
* z-index:指定两个重叠块的空间位置。可取整数(正整数或者负整数),值大的重叠在值小的上方。

4.3.2 CSS 布局介绍

CSS 布局方法:将页面整体上分块(Div 块),然后对每个分块进行 CSS 定位,在每个块中添加相应的内容。使用 CSS 排版的页面,可以更新 CSS 属性来重新定位板块的位置。因此这种排版方式比使用表格排版要灵活。

采用 CSS 布局的步骤:

(1)用 Div 将页面分块。

采用 CSS 排版布局之前,首先对页面有一个整体的规划,明确页面分为几个部分,各个部分之间的关系。可以通过绘图软件或者手绘的方式勾勒出页面结构。

(2)设计各板块的位置并用 CSS 定位。

可以采用 float 定位或 position 定位方法。

4.3.3 Div+CSS 常见布局

1. 宽度固定且居中

这种布局结构是网页上常用的布局方式,可以将所有板块嵌套在一个 Div 中,如下所示:

```
<html>
<head><title>固定宽度并居中的例子</title></head>
<body>
<div id="container">页面内容</div>    ← 最外层的Div,应用了container样式
</body>
</html>
```

container 样式的定义:

```
#container{
  position:relative;         定义该Div的位置是相对位置,相对
  margin:0 auto;             于浏览器边框上下边框为0,左右自
  width:680px;               动调整。该盒子的宽度是680像素
}
```

body 样式的定义:

```
body{
  margin:0px;               定义网页页面四周的空隙是0,同时定义网
  text-aglin:center;        页中的所有元素都居中,这行代码很关键
}
```

2. 川字结构

这种布局也称为左中右结构,这种结构也是常见的排版模式,如图 4.8 所示。

布局时需确定左边、右边以及中间块的大小,注意三者的大小之和不能超过页面的尺寸,否则将会自动折行。

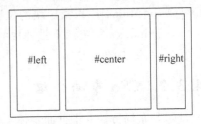

图 4.8 川字结构图

设计方法:

在分辨率为 800×600 的浏览器中,为了不出现水平滚动条,设置网页的宽度为 780px,设置左边块和右边块的宽度为 180px,中间块的宽度根据浏览器自动调整。

(1) 搭建 HTML 的结构框架,直接用三个<div>块。代码如下:

```
<body>
<div id="left">left</div>
<div id="center">center</div>
<div id="right">right</div>
```

（2）设置左边块的样式：

```
#left{
position:absolute;
top:0px;
left:0px;
width:190px;
}
```

说明：设置左块的位置是绝对位置，相对于浏览器上边框距离 0px，左边框距离 0px，宽为 190px.

（3）中间块的样式：

```
#middle{
margin:0px 190px 0px 190px;
}
```

说明：设置中间块到左右块的距离为 190px。

（4）右边块的样式：

```
#right{
position:absolute;
top:0px;
right:0px;
width:190px;
}
```
设置右边块的位置为绝对(与左边块一样)，距离浏览器右边框为0px，上边框为0px，此块的宽度为190px

3. 三行两列式国字型布局

这种布局结构稍微复杂一些，布局中包括顶部的导航区域，中间的主体部分，下方的版尾信息，主体部分同样可以细化，如图 4.9 所示。

分析：这种结构比川字结构要复杂，网页中设计 top、left、right 和 bottom 这 4 个分区，为了便于控制这 4 个部分，把它们放在 container 中。

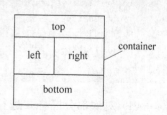

图 4.9　国字图

（1）搭建 HTML 结构框架。

```
<body>
<body>
<div id="container">
<div id="top">top</div>
<div id="left">left</div>
<div id="right">right</div>
<div id="bottom">bottom</div>
</div></body></body>
```

CSS基础知识

（2）定义 body 和 container 分区的样式。

```
body{
 margin:0px;
 text-align:center;
}
#container{
 position:realative;
 width:780px;
}
```

（3）定义 top、left 和 right 分区的样式，代码如下：

```
# top{
 position:absolute;
 top:0px;
 left:0px;
 height:90px;
 width:780px;
}
# left{
 position:relative;
 left:0px;
 float:left;
 width:300px;
}
# right{
 position:relative;
 right:0px;
 width:479px;
 float:right;
}
```

（4）对底部分区样式进行定义，代码如下：

```
# bottom{
 clear:both;
 height:60px;
 width:780px;
}
```

为了使读者能更直观地查看效果，为每个块设置了边框属性（border:3px solid #113366;）。浏览器中运行效果如图 4.10 所示。

接下来就可以为每个块插入具体的网页元素，并且设置属性。

常见疑问问答：

（1）使用 CSS 时注意的问题。

【答】 应该明确现在是为哪种元素设置样式，比如对文字设置样式，可以从字体、字号和颜色等方面设置。如果是区块元素，可以从背景、边框和填充等方面考虑。另外还要注

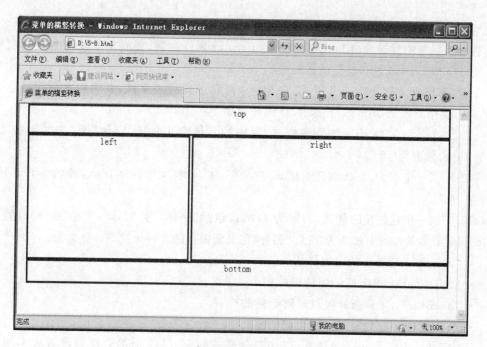

图 4.10　预览效果图

意,在定义 CSS 时,可以定义成外部的样式,也可以定义在某个网页中,这两种方式的表示方法区别很大。

(2) 定义的样式为什么没有起作用?

【答】　造成这种结果的原因很多,在这列出几种常见的原因。

① 定义的样式没有在网页中应用,如定义了 #title 样式,但是在网页中没有使用这个样式。

② 样式定义错误,比如给 font 样式定义了背景属性,背景对于文字不会起作用。

(3) 感觉 CSS 比较难,怎么学容易?

【答】　多动手练,在练习过程中就掌握了常见属性的使用方法,熟能生巧。

(4) 利用表格也可以对网页进行布局,那么用 Div+CSS 布局和用表格布局有什么不同?

【答】　采用表格进行布局是网页设计早期使用的排版方法,由于存在诸多不足,因此现在基本上已经被淘汰了,现在主流的布局工具是 Div+CSS。现在分析一下表格布局和 Div+CSS 布局的不同。

① 使用表格布局:设计复杂,改版时工作量巨大。同时格式代码与内容混合,可读性差,而且也不利于数据调用分析。另外,网页文件量大,浏览器解析速度慢如蜗牛。

② 使用 Div+CSS 布局:开发效率高,维护简单,网页解析速度快,用户体验好。

习　题　4

建议安排 6 个上机课时。

1. 题目:设计一个网页,页面内容为"I can design HTML page!",背景色为黑色,字体颜色为白色。

提示：页面的背景色由 body 标签中的 bgcolor 属性控制，页面文本颜色由 text 属性设置。在 HTML 中，红色和蓝色的属性值为 red 和 blue。

2. 打开网页文件 4-2sucai.html，定义一个外部的样式表文件，并将样式应用到指定的文字上。制作的效果如图 4.11 所示，具体要求如下：

（1）定义一个名为.title 的普通样式，其中的具体格式包括"字体"为"华文行楷"，"大小"为 30pt，修饰为"无"。

（2）定义一个名为.text 的普通样式，"字体"为"宋体"，大小为 16px，颜色为♯666666，修饰为"无"。

（3）定义一个超链接的样式，名字为 a，格式包括"字体"为"宋体"，大小为 15px，颜色为 red，display 设置为 block，修饰为"无"。另外，定义超链接的 4 种伪类别。分别为：

- "a:link"：超链接的普通样式。
- "a:visited"：单击过的超链接样式。
- "a:hover"：鼠标指针经过时超链接的样式。
- "a:active"：在超链接上单击时的样式。

（4）定义一个名为 img 的样式，其中具体格式包括：4 个边的边框值设置成不同的粗细、颜色、线型。

（5）定义 body 样式，设置背景图片为 bike.jpg，图片固定在网页的右下角，同时设置一个背景颜色，设置网页的 text-align 属性为 center。

（6）将.title 样式应用到文字"我的第一张网页"上，text 样式应用到文字"我曾经浏览过无数精彩的网页，但却从没自己动手做过。今天我终于学会制作完全属于我的网页了！虽然还是新手上路，但我已经深深被 Dreamweaver 的强大功能迷住了，每天都有新的收获，每天都有新的提高……"之上，如图 4.11 所示。

图 4.11　第 2 题效果图

3. 利用 Div 和 CSS,定义如图 4.12 所示的匣字网页布局,为每个区域填充不同的颜色。

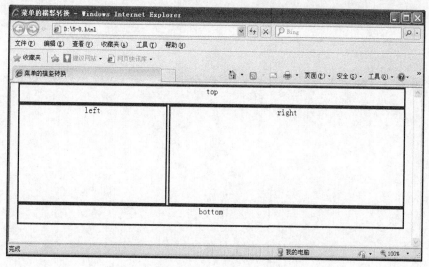

图 4.12 预览效果图

4. 利用 Div+CSS 技术,布局如图 4.13 所示效果的网页。源文件见 homework\4-4. html。说明:该网页用到的样式文件是 homework 文件夹中的 common.css。图片文件在 homework\ 4chapter_images 文件夹中。

图 4.13 页面效果图

CSS 基础知识

下篇
能力提高篇

通过上篇的学习,读者一定很想尝试着建立一个属于自己的网站,但是又不知道从哪里下手。下面通过一个网站项目来手把手地教读者怎么策划、设计、制作网站。学习了后面的两章后,相信读者的设计和制作网站的能力一定有了一定程度的提高。

第 5 章　项目实训

在这部分通过策划、设计到具体实现"宣传茶文化"网站来展示网站的具体开发、制作方法。希望能抛砖引玉,给读者以启示。

5.1　开发第一步:策划站点

策划站点包括需求分析,概要设计,详细设计。

1. 需求分析

项目名称:茶文化网站

项目准备:

中国是茶的故乡,也是茶文化的发源地。中国茶的发现和利用,在中国已有四五千年历史,且长盛不衰,传遍全球。现在制作一个宣传茶文化的网站,介绍关于茶道知识和各地茶风茶俗等信息。

策划如下:

项目的提出:Lili 作为一个茶文化爱好者,想请专业的网站开发公司开发一个宣传茶文化的网站,旨在普及茶道知识和各地茶风茶俗。

需求分析阶段:Lili 经过与专业开发人士沟通,大致确定下来如下的策划书。

> **主题**:茶文化。其中介绍了关于茶道知识和各地茶风茶俗等。
>
> **配色方案**:以绿色为主。配有文字、图片,营造一种"清新、自然"的古风古韵风格。
>
> **首页的布局**:首页分为 4 个部分。最上面有网站 Logo 以及一个滚动字幕;接下来是导航条;导航条下面是首页的主体部分,在主体部分的侧面有一个侧边栏,设有下一级的链接;最后是下面的版权说明部分。
>
> **开发目的**:平日生活中,很多人都有饮茶的习惯,但是,很多人对关于茶的文化却不是很了解。尤其是当日本的茶道远近闻名,但是作为茶的发源地的中国却对茶道等文化内涵不甚了解,通过这个平台让更多人了解茶的文化。

经过反复的斟酌,需求人员确定表 5.1 和表 5.2 所示的需求分析资料。

表 5.1　茶文化网站需求设计说明书

茶文化网站需求设计说明书
作者:刘敏娜
日期:2012.10.10
目录
1. 引言
1.1　目的:为了更好地记录、分析用户提出的需求,同时指导编辑页面需求采集工作。

1.2 项目背景：本项目由 Lili 提出，××开发部门进行开发。

1.3 参考资料：无。

2. 技术概述

2.1 目标：使用静态网页技术将茶品文化网站做成具有友好，亲和力，易于访问、管理的系统。

2.2 硬件环境：采用用户目前已有的硬件环境。

2.3 软件环境：操作系统可以是 Windows、Linux。

3. 功能需求

3.1 功能划分：网站为用户提供的功能有茶史介绍，茶风茶俗普及，品茶论道，联系我们。

3.2 功能描述：

茶史简介：通过从茶树起源、茶字演变、历代名茶和茶的传播这 4 个方面来介绍茶史。

茶风茶俗：分为陕西茶俗、西湖茶俗、扬州茶俗和娄底茶俗这 4 个地域茶风介绍。

品茶论道：从中华茶道、日本茶道开始介绍茶道文化的演变。

联系我们：通过表单用户可以输入对网站的建议或者意见。

4. 性能需求

4.1 数据精确度：无。

4.2 时间特性：用户在 5 秒内可以打开网页。

5. 操作图：

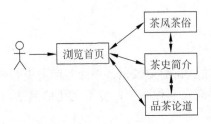

6. 其他需求：

色彩搭配以绿色为主，显得清新，自然。

表 5.2 茶品文化网站页面需求设计说明书

茶品文化网站页面需求设计说明书

作者：刘敏娜

日期：2012.10.12

目录

1. 引言

目的：为了将茶品文化的网站需求更加细化，特撰写此需求设计文档。

2. 首页页面样式

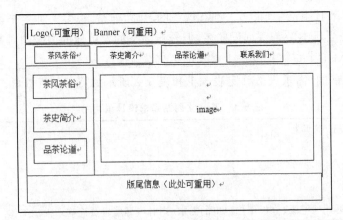

页面功能说明：首页制作本着将特色的信息放在最醒目的位置,能展示网站的分类信息。

页面链接说明：首页链接到网站首页,各个栏目链接到相应的栏目页面。

3. 茶风茶俗页面

页面样式：

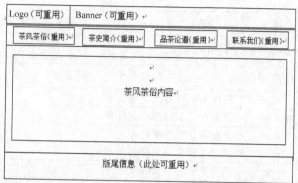

页面功能说明：展示陕西、西湖、娄底和扬州等地的茶风。

页面链接说明：通过导航条可以链接到其他栏目首页。

4. 茶史简介页面

页面样式：页面样式与茶风茶俗页面的上部区域、下部区域类似,中间的主体区域不同。

页面功能说明：展示茶树的起源,茶字演变,历代名茶,茶的传播历史。

页面链接说明：通过导航条可以链接到其他栏目首页。

5. 品茶论道页面

页面样式：页面样式与茶风茶俗页面的上部区域、下部区域类似,中间的主体区域不同。

页面功能说明：对中国、日本和英国茶道进行介绍,另外增加了冲泡技术,茶道步骤,由茶品茗人生等知识。

页面链接说明：通过导航条可以链接到其他栏目首页。

6. 联系我们页面

页面样式：页面样式与茶风茶俗页面的上部区域、下部区域类似,中间的主体区域不同。

页面功能说明：通过栏目中的表单采集用户对网站的建议。

页面链接说明：通过导航条可以链接到其他栏目首页。

7. 其他要求

如用户对颜色的要求、布局的要求(见附录)和徽标的要求等。

2. 概要设计阶段

本阶段由设计人员根据需求说明书确定网站的概要设计资料,如表5.3所示。

表5.3 网站页面设计说明书

茶品文化网站页面设计说明书

作者：刘敏娜

日期：2012.10.20

目录

引言

目的：为有效指导茶品文化网站页面设计,特设计此概要设计,此概要设计包括目录设置、页面相关名称、页面流转关系、页面说明等。

参与人员：参加设计的人员和分工。

网站主要栏目页面名称和跳转关系

根目录

目录和文件

页面名称	全路径	说明	对应需求设计页面
index. htm	/index. htm	网站首页	主页面

文件夹名称	全路径	说明
cfcs	/cfcs	茶风茶俗栏目文件夹
images	/images	首页中的素材图片文件夹
csjj	/csjj	茶史简介栏目文件夹
lxwm	/lxwm	意见反馈栏目文件夹
pcld	/pcld	品茶论道栏目文件夹
css	/css	存放样式表的文件夹
SpryAssets	/SpryAssets	存放 spry 控件的文件夹，此文件夹可由 Dreamweaver 自动生成
Templates	/Templates	存放模板文件的文件夹

重要跳转关系说明：

index. htm 可以跳转到各个栏目页面，栏目页面通过导航条可以链接到其他栏目及首页。

栏目一：茶风茶俗栏目

目录和文件：

页面文件	全路径	说　明
index. html	/cfcs/index. html	茶风茶俗栏目首页
ldcl. html	/cfcs/ ldcl. html	娄底茶俗页面
sxcs. html	/cfcs/ sxcs. html	陕西茶俗页面
xhcl. html	/cfcs/ xhcl. html	西湖茶理页面

重要跳转关系说明：由栏目页面可以跳转到子栏目页面，子栏目之间也可以相互跳转。

栏目二：茶史简介栏目

目录和文件：

页面文件	全路径	说　明
index. html	/csjj/index. html	茶风茶俗栏目首页
csqy. html	/csjj/ csqy. html	茶树起源页面
czyb. html	/csjj/ czyb. html	茶字演变页面
ldmc. html	/csjj/ ldmc. html	历代名茶页面
cdcb. html	/csjj/ cdcb. html	茶的传播页面

重要跳转关系说明：由栏目页面可以跳转到子栏目页面，子栏目之间也可以相互跳转。

栏目三：品茶论道栏目

目录和文件：

页面文件	全路径	说　　明
index. html	/pcld/index. html	品茶论道栏目首页
zhcd. html	/pcld/ zhcd. html	中华茶道页面
rbcd. html	/pcld/ rbcd. html	日本茶道页面
yscd. html	/pcld/ yscd. html	英式茶道页面
cdcb. html	/pcld/ cdcb. html	茶的传播页面

重要跳转关系说明：由栏目页面可以跳转到子栏目页面,子栏目之间也可以相互跳转。

栏目四：联系我们栏目

目录和文件：

页面文件	全路径	说　　明
index. html	/lxwm/index. html	联系我们栏目首页

重要跳转关系说明：由栏目页面可以跳转到网站首页,也可以跳转到其他栏目页面。

3. 详细设计阶段

本阶段由设计人员根据需求说明书和概要说明书确定网站的详细设计资料。因为这个网站相对比较简单,所以详细设计以 csqy.html 网页为例,详细设计如表 5.4 所示。

表 5.4　茶史简介页面设计说明书

茶史简介页面设计说明书

作者：刘敏娜
日期：2012.11.5

目　　录

引言
目的：详细说明某些代码复杂,技巧灵活的页面的设计过程和方法。
参与人员：参加设计的人员和分工。
关键字：csqy.html。
页面一览

页面全路径	页面说明	创建时间
csjj\csqy. html	二级栏目的茶树起源页面	2012.11

页面 csqy. html
css 说明：使用内部样式,12 像素字,黑色。超链文字是蓝色 12 像素。
层说明：没有使用层。
框架说明：框架的上边区域命名为 top. html,左侧命名为 left. html,右侧命名为 right. html。

5.2 开发第二步：制作网站

用上篇学习到的操作方法，继续来制作茶品文化网站的页面。

5.2.1 项目1：首页制作

说明：按照之前的策划和设计，主色调采用绿色，为了使栏目更加直观、突出地在页面显示，设计了水平导航条和导航的折叠式面板，浏览者不论是在水平导航条还是左侧的折叠式面板上都可以直接通过链接访问栏目页面。

首先来看首页的整体效果，如图 5.1 所示。首页的源文件见 tea web\index1.html。

图 5.1　首页预览效果图

首页制作过程中使用了表格布局，插入了图片和文字，运用了 Spry 的"折叠式面板"。把操作分解成两个任务完成。

任务1　表格布局

引入表格布局的操作步骤如下：

(1) 选择"文件"→"新建"→"空白文档"→HTML→"布局"命令，选择"无"。

(2) 选择"文件"→"保存"命令，命名为 index.html，保存在 tea web 文件夹中。在"文档工具栏"上设置该页面的标题为"网站首页"。

提示：需要事先建立一个名为 tea web 的站点文件夹，然后在 Dreamweaver 中新建站点，本书第 2 章的 2.3.1 节有详细的操作过程。

（3）在网页中插入 3 行 1 列的布局表格。

方法：在"常用"插入栏中选择 ⊞ 图标，在打开的对话框中设置"行数"为 4，"列数"为 1，表格宽度定为 900，单位是"像素"，边框粗细为 0，然后单击"确定"按钮。此时在文档窗口中插入了图 5.2 所示表格。

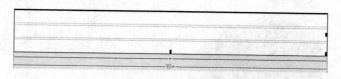

图 5.2　插入表格截图

在"属性"面板中设置表格居中对齐。

提示：也可以通过选择"插入"→"表格"命令打开"表格"对话框。

（4）将光标定位在表格第一行的位置，在"属性"面板中选择"拆分单元格"按钮图标 ⊞，将单元格拆分为两列，如图 5.3 所示。

图 5.3　"拆分单元格"对话框

（5）设置第一行第一个单元格的列宽为 150px（因为 Logo 的大小是 150×124）。在"常用"插入栏中插入"图像"，路径是 tea web\images\logo.jpg。插入的效果如图 5.4 所示。

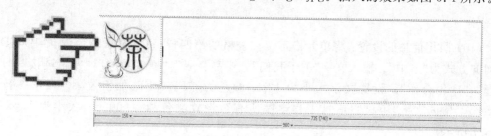

图 5.4　插入 Logo 之后的截图

提示：也可以通过选择"插入"→"图像"命令打开"选择图像源文件"对话框。

（6）将光标定位在第一行第二个单元格中，在"属性"面板中设置单元格水平"左对齐"，垂直"顶端对齐"。在这个单元格中插入图片 tea web\images\banner.jpg，然后选中该图片，在"属性"面板中设置宽为 750，高为 124。

（7）将光标移动到第三行单元格中，在"属性"面板中拆分单元格，设置拆分成两列。光标定位在该行第二列，设置水平左对齐，垂直顶端对齐。在单元格中插入图片 images\shuimo.jpg，并且设置宽度为 720px。此时的效果图如图 5.5 所示。

（8）将光标定位到第二行第一个单元格中，设置单元格水平"左对齐"，垂直"顶端对齐"，背景颜色为 #8CE0AC。

（9）设置第二行的单元格行高为 23px，背景颜色为 #4B945D，对齐方式为"居中"。输入文字"首页"，"茶品论道"，"茶风茶俗"，"联系我们"。设置文字的字号是 12px 大小，颜色是 #FFFFFF，在这些文字之间适当地增加空白间隙（方法：在"文本插入栏"中找不换行空格 ⊥），效果如图 5.6 所示。

图 5.5　效果图

图 5.6　导航条效果

（10）版尾信息的设置：将单元格定位在表格的第四行，设置背景颜色为♯4B945D，设置对齐方式为"居中"。输入文字"关于我们"，"产品目录"，"联系我们"，"友情链接"，"反馈问题"，"广告合作"。设置文字大小为 12px，颜色为♯FFFFFF，加粗效果。在下一行（按 Enter 键）输入文字"版权归信息工程学院所有"，设置颜色为♯000000，大小为 12px（如图 5.7 所示）。

图 5.7　版尾制作效果图

（11）选中整个表格，在"属性"面板中设置"间距"为 0，"填充"为 0。修改菜单下选择"页面属性"，设置"上"，"下"，"左"，"右"边距都是 0px。

任务 2　设置"Spry 折叠式"面板

操作步骤：

（1）在表格的第二行第一个单元格中插入"Spry 折叠式"面板▣（在"Spry 插入栏"中选择此按钮）。

（2）在 CSS 样式浮动面板上（如图 5.8 所示）单击"当前"按钮，双击所选内容摘要，如 overflow。打开 CSS 规则定义对话框，在"分类"列表框中选择"类型"（如图 5.9 所示），设置 Line-height 为 25px。选择"区块"（如图 5.10 所示），设置 Word-spacing 为 20px，Letter-spacing 为 5px，Vertical-align

图 5.8　CSS 样式浮动面板

为"中线对齐",Text-align 为"居中"。在"定位"分类下设置 height 200px。

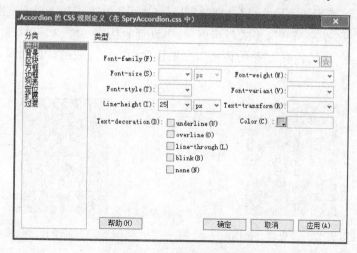

图 5.9 CSS 规则定义对话框

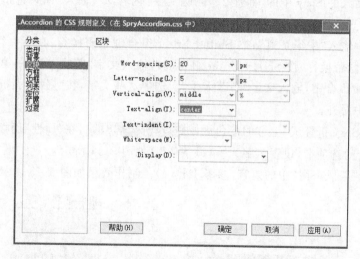

图 5.10 区块分类

（3）单击插入的 Spry 中的"标签 1"（如图 5.11 所示），修改文字为"茶史简介"，选中文字，在"属性"面板中设置文字大小为 16px，颜色为 #1E5208，背景颜色为 #8CE0AC。

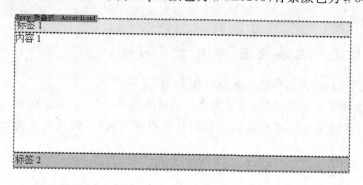

图 5.11 页面属性对话框

（4）删除文字"内容 1"，输入文字"茶树起源"，并且在"属性"面板中设置大小为 12px，对齐方式为"居中"。按 Shift＋Enter 组合键紧密换行（也可以在文本插入栏中单击 ⛶· 按钮）。

（5）输入文字"茶字演变"，格式与步骤（4）中设置的格式一样。

（6）输入文字"历代名茶"、"茶的传播"，效果设置同上。完成的效果如图 5.12 和图 5.13 所示。

图 5.12　茶史简介截图　　　　　　　　图 5.13　品茶论道截图

（7）单击插入的 Spry 中的"标签 2"，删除文字"内容 2"，输入"品茶论道"，单击右边的眼睛图标，此时可以编辑其中的内容。

（8）在其中输入"中华茶道"，按 Shift＋Enter 组合键紧密换行，在下一行输入文字"日本茶道"；再次紧密换行（按 Shift＋Enter 组合键），输入文字"英式茶道"；第三次紧密换行按 Shift＋Enter 组合键，输入文字"品茗人生"。选中这些文字，在"属性"面板中设置文字大小为 12px，居中对齐。

（9）单击"Spry 折叠式"上方的蓝色区域 `Spry 折叠式, Accordion1`，在"属性"面板中单击"＋"按钮，添加一个新的选项卡，设置名字为"茶风茶俗"（如图 5.14 所示）。

（10）编辑"茶风茶俗"中的内容，参考步骤（4）。制作效果如图 5.15 所示。

图 5.14　添加新的选项卡截图　　　　　图 5.15　茶风茶俗截图

至此，首页的制作完成。

5.2.2　项目 2："品茶论道"栏目首页制作

"品茶论道"栏目首页制作的效果图如图 5.16 所示。

说明：这个网站有 4 个栏目，为了使这些栏目的风格一致，引入了模板。为栏目页面设计统一的模板，这样做可以使网站的栏目间具有相同的风格，而且可以大大减少开发的工作量。

制作此网页具体使用的元素有模板、文本、图像、行为和样式。

为了能更清楚地说明详细制作过程，将操作分解为两个任务来完成。

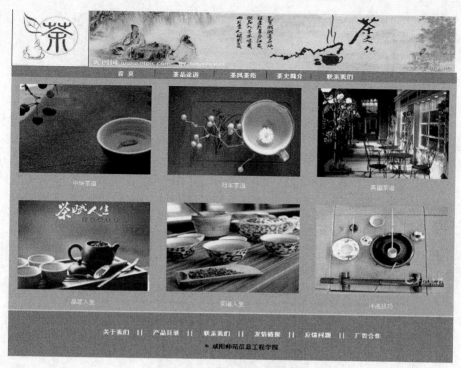

图 5.16　品茶论道栏目页面效果图

任务 1　栏目模板的制作

操作步骤：

（1）新建一个空的模板文件，如图 5.17 所示。

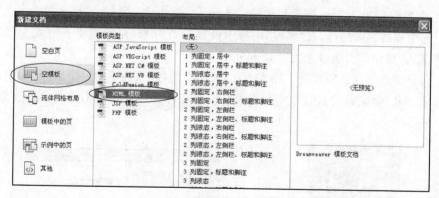

图 5.17　"新建文档"对话框

（2）设置这个模板文件的标题为"栏目页面模板"。选择"文件"→"保存"命令，在"另存为"对话框中设置保存路径为站点文件夹中的 Templates 文件夹，文件名为 template1.awt，如图 5.18 所示。

（3）在模板插入一个 4 行 1 列的表格，表格的宽度为 872px，居中对齐，将第一行第一个单元格拆分成两列，如图 5.19 所示。

（4）设置第一行第一列单元格宽度为 150px，在其中插入图像 logo.jpg(images/logo.jpg)，第二列设置宽为 720px，在其中插入图像 banner.jpg(images/banner.jpg)，注意要将这个

图 5.18　保存模板对话框

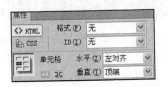

图 5.19　拆分单元格截图

Banner 的宽度设置为 720px，高度设置为 124px。

　　(5) 选中表格的第二行，在"属性"面板中设置行高为 23px，垂直对齐方式为"居中"，水平对齐方式为"居中"，背景颜色为♯4B945D。

　　(6) 将导航条保存成库项目。操作方法：打开"文件"面板下的"库"面板，如图 5.20 所示。单击右下角的"新建"按钮，在库列表中出现蓝底白字的 Untitled，将文字修改为 dht，如图 5.21 所示。

图 5.20　插入库元件截图

图 5.21　重命名库文件

（7）双击这个新建的库项目，编辑其中的内容。输入"关于我们"，"产品目录"，"联系我们"，"友情链接"，"反馈问题"，"广告合作"等文字。设置文字大小为 12px，颜色为＃FFFFFF，加粗。为每组文字设置超链接为＃，代码视图的＜head＞区域中会增加成对的＜style＞标记，写入 a 标记的样式。效果如图 5.22 所示。

```
a { color:＃FFF;text－decoration:none;}
a:hover   {   color:＃f00;}
```

图 5.22   增加超链接样式的效果

（8）关闭这个文件，提示是否将改动保存到 dht.lib 文件中，单击"是"按钮。此时又回到模板的编辑窗口。

（9）将光标定位在模板的第二行表格中，打开"文件"面板中的"资源"→"库"，选中库列表中的 dht 项目，单击"插入"按钮（如图 5.23 所示）。

此时在文档中插入了导航条库元件，此元件可以被多次使用。

（10）将光标移动到表格的第三行，设置行高为 500 像素，背景颜色为＃C3E4D1，水平对齐方式为"左对齐"，垂直对齐方式为"顶端对齐"。在该单元格中右击，在弹出的快捷菜单中选择"模板"→"新建可编辑区域"命令，在打开的对话框（如图 5.24 所示）中为这个可编辑区域命名，名字要求见名知意，如命名为 content。出现了一个名字是 content、内容也是 content 的可编辑区域。

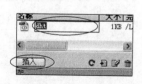

图 5.23   操作图

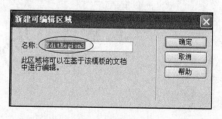

图 5.24   "新建可编辑区域"对话框

（11）完成版尾信息的设置：将单元格定位在表格的第四行，设置背景颜色为＃4B945D，对齐方式为"居中"。输入文字"关于我们"，"产品目录"，"联系我们"，"友情链接"，"反馈问题"，"广告合作"。设置文字大小为 12px，颜色为＃FFFFFF，加粗效果。在下一行（按 Enter 键）输入文字"版权归信息工程学院所有"，设置颜色为＃000000，大小为 12px。此时完成的模板的效果如图 5.25 所示，content 为可编辑区域。

（12）关闭模板文件 template1.dwt。

任务 2   应用模板

操作步骤：

（1）选择"文件"→"新建"命令，选择"模板中的页"，"茶文化网站"中有两个模板文件，选择 template1，如图 5.26 所示，单击"创建"按钮。

图 5.25　模板效果图

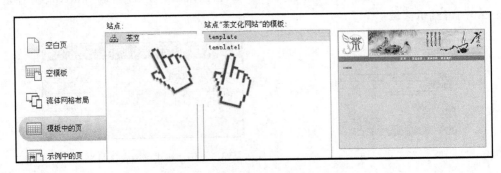

图 5.26　创建基于模板的网页截图

（2）在新建的网页文件 Untitled1. html 中显示刚才编辑的模板，此时注意只能在可编辑区域 content 内部编辑。

（3）保存文件为 pcld/index. html，如图 5.27 所示，在网页中已经有了模板中的结构。

（4）将光标移动到 content 可编辑区域，删除 content 文字，开始编辑品茶论道栏目首页。

（5）在"常用"插入栏中找到表格图标，设置表格为两行三列，宽度为 880px，边框粗细为 0，对齐方式为"居中对齐"，背景颜色为♯B5C713。

（6）将光标定位在第一行第一个单元格中，在"常用"插入栏中选择图片 images/zhcd_b. jpg，设置对齐方式为"居中"。在相应的第二行第一个单元格中输入文字"中华茶道"，设

图 5.27　基于模板生成的页面图

置"垂直对齐方式为顶端对齐"。

（7）移动光标到第一行第二个单元格，插入图片路径为 images/rbcd_b.jpg，设置对齐方式为"居中"，在相应的第二行第二个单元格中输入文字"日本茶道"，设置"垂直顶端对齐"。

（8）在第一行第三个单元格中插入图片路径为 images/ygcd_b.jpg，设置对齐方式为"居中"。在第二行第三个单元格中输入文字"英国茶道"，设置"垂直顶端对齐"。

（9）设置插入的三张图片大小为 260×190，在这个表格之后再插入一个两行三列表格，设置同上边的表格（宽度为 880px，边框粗细为 0，对齐方式为"居中对齐"，背景颜色为 ♯BEB743）。

（10）第一行分别插入图片 images/cfrs_b.jpg（品茗人生）、images/cdbz_b.jpg（茶道人生）和 images/cpjq_b.jpg（冲泡技巧）。第二行输入文字"品茗人生"、"茶道人生"和"冲泡技巧"。设置图片对齐方式"居中"，文字"垂直顶端对齐"。

至此，品茶论道栏目的制作完成。

茶风茶俗栏目页面的制作方法类似，由模板生成新的网页，在 content 可编辑区域中插入四行两列的表格，单元格中插入图片 sxcs_b.jpg（陕西茶俗）、xhcs_b.jpg（西湖茶俗）、yzcs_b.jpg（扬州茶俗）和 ldcs_b.jpg（娄底茶俗）。图片下方单元格中输入文字"陕西茶俗"、"西湖茶俗"、"扬州茶俗"和"娄底茶俗"。

5.2.3　项目 3："意见反馈"栏目的制作

"意见反馈"栏目完成的效果图如图 5.28 所示。

说明：因为同样是栏目页面，所以应用项目 2 中制作的模板。为了更加方便地控制页

项目实训

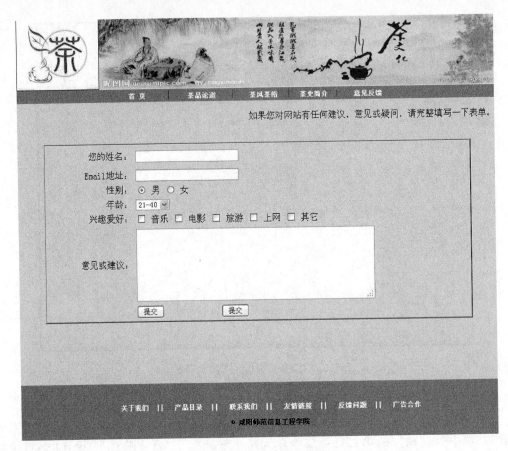

图 5.28 意见反馈效果图

面中表单元素的位置,使用了表格进行布局。项目中要用到的元素有表单和样式。

将这个项目的详细操作分解为两个任务。

任务 1 应用栏目模板

操作步骤:

(1) 选择"文件"→"新建"命令,选择"模板中的页",站点是"茶品文化",模板为 template1,单击"创建"按钮,保存该网页到 lxwm 文件夹下,命名为 index.html。

(2) 将光标移动到 content 可编辑区域,删除 content 文字,在"常用"插入栏中插入一个一行一列的表格,宽度为 720px,粗细为 0。

任务 2 插入表单

(1) 选择表单插入栏中的表单图标按钮 ,在表格中插入一个表单域。

(2) 表单域中再插入一个 6 行 2 列的表格,宽度为 100%,将表格的"单元格边距"和"单元格间距"均设置为 2,"边框"粗细为 0。

(3) 将表格第一列的宽度设置为 25%,并在第一列其他行的单元格里依次输入"您的姓名"、"E-mail 地址"、"性别"、"年龄"、"兴趣爱好"和"意见或建议"(如图 5.29 所示)。

(4) 光标放在第一行的第二个单元格中(即"您的姓名"右边的单元格),单击"表单"插入栏中的"文本框"按钮 ,在单元格中插入文本框。

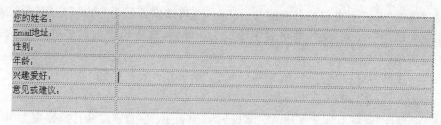

图 5.29　在表单域中插入表格

（5）单击文本框，"属性"面板中设置名字为 txtname，"字符宽度"为 25，最多字符数为 20，其他属性不变。

（6）用同样的方法在"E-mail 地址"右边单元格里插入第二个文本框，设置名字为 txtemail，设置"字符宽度"为 25，其他属性不变。

（7）在"性别"右边的单元格里单击"表单"插入栏中的"单选按钮" ◉ ，在单元格中插入一个单选按钮，按钮后边输入"男"。

（8）再次插入"单选按钮"，按钮之后输入"女"。

（9）选择"男"对应的单选按钮，"属性"面板上将名字设置为 gender，设置"选定值"为 boy，设置"初始状态"为"已勾选"。同样单击"女"对应的单选按钮，在"属性"面板上将名字改为 gender，"设定值"为 girl。

（10）将光标放在"年龄"右边的单元格，单击"表单"插入栏上的"列表/菜单"按钮 ▤ ，这时插入一个空白的列表框。

（11）选中这个列表框，单击"属性"面板上的列表值，弹出一个"列表值"对话框（如图 5.30 所示）。

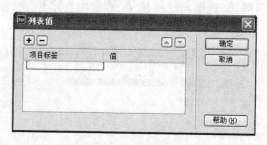

图 5.30　"列表值"对话框

（12）在对话框中为列表框添加选项，首先在项目标签下方输入"10 岁以下"，然后单击对话框上的 ⊞ 按钮，此时为列表项中添加第一个选项。

（13）用同样的方法继续添加"10～20 岁"，"21～40 岁"，"41 岁以上"，当全部添加好了之后单击"确定"按钮，关闭该对话框。

（14）列表的"属性"面板上设置名字为 age，单击初始化时选定列表中的"21～40 岁"。此时下拉列表制作好了。

（15）继续添加复选框。在"兴趣爱好"右边的单元格中输入文字"音乐"，"电影"，"旅游"，"上网"，"其他"。

（16）将光标移动到文字"音乐"前面，单击"表单"插入栏的复选框按钮 ☑ ，选中插入的复选框,在"属性"面板上将它的名字改为 hobby,并将选定值设为"音乐"。用同样的方法为后边的 4 项名添加一个复选框,并将名字都设为 hobby,选定值设为具体的内容,如"电影"复选框的选定值为"电影"。

(17) 在"意见或建议"后边的单元格中单击"表单"插入栏中的"文本区域"按钮,此时插入一个文本区域元素。

(18) 在"属性"面板中将文本域的名字设为 txtsuggest,字符宽度和行数分别为 50 和 6。

(19) 表格最后一行的第二个单元格中两次单击"表单"插入栏中的 按钮,这时有两个"提交"按钮就被添加了。在两个按钮之间插入不换行空格,单击右边的"提交"按钮,"属性"面板上将"动作"属性改为"重置表单"。此时意见反馈栏目就制作好了。

任务 3　为表单元素添加检查表单行为

说明:"检查表单"行为用来检查指定的表单元素中的内容是否符合要求,可以继续为"意见反馈"栏目中的表单添加这种行为。

操作步骤:

(1) 在 Dreamweaver 中打开"意见反馈"栏目首页,此文件保存在 tea web\lxwm\index.html。

(2) 选中表单中的 txtname 文本框,选择"窗口"→"行为"命令,打开"行为"面板,如图 5.31 所示。

(3) 单击"添加行为"按钮,在出现的菜单中选择"检查表单"命令。打开如图 5.32 所示对话框。对话框的"域"列表框中显示的是当前表单中的文本域对象,可以为这些对象设置属性,如值是否必需,可接受什么样的值。现在选中 input txtname 选项,选中"必需的"复选框,在"可接受"选项组中选择"任何东西"单选按钮。

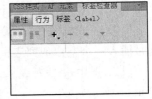

图 5.31　"行为"面板

图 5.32　"检查表单"对话框

图 5.33　检查表单行为

(4) 单击"确定"按钮后,"行为"面板中出现检查表单的行为,如图 5.33 所示。默认的事件是 onFocus,表示当焦点落在此文本框上就执行检查表单动作。修改事件为 onBlur,说明当此文本框失去焦点时检查表单。

(5) 选中表单中的 txtemail 文本框,单击"添加行为"按钮,在出现的菜单中选择"检查表单"命令。接着选中 input txtemail，选择"必需的"复选框，在"可接受"选项区域中选中"电子邮件地址"单选按钮。

（6）选中表单中的 textarea 文本域，单击"添加行为"按钮，在出现的菜单中选择"检查表单"命令。选中 input textarea，选择"必需的"复选框，在"可接受"选项区域中选中"任何东西"单选按钮。

（7）单击"确定"按钮，打开浏览器窗口，如图 5.34 所示。在"您的姓名"文本框不输入内容，直接切换到"E-mail 地址"文本框，这时网页中弹出一个"来自网页的消息"对话框，提示姓名字段是必填字段。

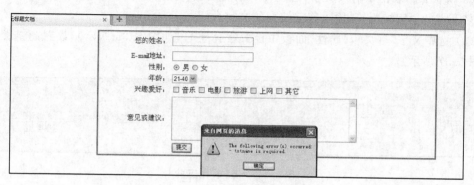

图 5.34　浏览效果图

5.2.4　项目 4："茶字演变"页面制作

此页面完成的效果图如图 5.35 所示。

<table>
<tr><td>
　　我国各族人民，在几千年对茶的认识中，对茶的药用、食用和饮用方面进行了深入的认识和应用，积累了极为丰富的知识，尤其在饮用方面成了中华民族不可替代的国饮，并在对外传播中成为与咖啡、可可并称的世界三大饮料。

　　茶在中华民族生活中从早期药用、食用、饮用，到唐代煎茶、宋代点茶和现代泡饮的茶艺、茶道，几千年的深厚积淀，使中国的茶文化十分博大精深，成为了中华民族文化的重要组成部分，并在世界上产生了较大的影响。

　　那么茶字有怎样的起源和演变？茶字在8世纪初或最早在7世纪末，才用来专指茶树及其叶子加工成的饮料。至于它的读音 eh(x，三国时(公元220年)已有记载。至6世纪初梁代有将茶(t6)读为茶(cha，义加反)。但《邛州先茶记》说："颜师古虽已转为茶音，而未敢辄易字义"。说明6世纪时虽有茶的发音而还没有把荼(tú)改为茶字。

　　茶字在8世纪初出现后，仍没有完全代替荼字。顾炎武在《唐韵正》中说："观览唐碑题铭，见大历十四年(779)刻茶药字，贞元十四年(798)刻荼宴字，皆作茶，其时字体尚未变。至会昌元年(841)，柳公权书玄秘塔碑文，大中九年(855)，裴休书"圭峰禅师碑"茶毗字，俱减去一画。则此字变于中唐以下也。"由此可见，9世纪茶字才被普遍使用。但不是"变于中唐以后"因为，唐代从公元618年至907年，"中唐"应在公元765年以后。《开元文字音义》成书于公元735年。所以茶字最早出现应在中唐以前。

　　我国古代没有茶字而只有荼字，但在甲骨文和钟鼎文中没有发现荼字。荼字最早出现于《诗经》和《尔雅》等书。书中的荼字都是指带苦味的植物的叶子，即苦菜。后来人们认识到苦菜是草本植物，而苦荼则是木本植物，为了把两者区别，就在茶字的左边加油亭，用木旁的"口"字来专指木本的茶树及其叶子加工成的饮料。
</td></tr>
</table>

图 5.35　预览效果图

说明：这是一个栏目子页面，设计相对比较简单，在页面中插入了渐变的背景图片，通过表格进行布局，添加文字并设置样式。通过一个任务就可以完成这个页面的制作。

任务 新建网页并编辑网页格式

操作步骤：

（1）选择"文件"→"新建"命令，新建一个空白的 html 文件，将其保存为 czyb. html（csjj/czyb. html）。

（2）页面中插入一个一行一列的布局表格，设置宽度为 717px，表格的背景图片为 images/bg3. jpg，表格中输入文字"您现在所在的位置：首页＞茶字演变"，在文本插入栏中选择最下方的紧密换行符，输入茶字演变的文字介绍。

（3）选中文字"首页"，"属性"面板中设置字体字号（如图 5.36 所示），设置超链接属性（如图 5.37 所示）。

图 5.36　CSS 属性面板

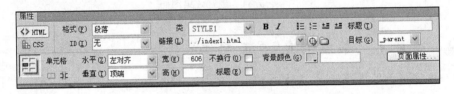

图 5.37　HTML 属性面板

说明：图 5.37 中"链接"下拉列表框中的"../index1. html"指的是网站的首页。

（4）制作样式，打开 CSS 面板，新建 CSS 规则，设置选择器的类型为"类"，名称为. c1，定义在"仅对该文档"。

（5）单击"确定"按钮，在"CSS 规则定义"对话框的"分类"列表框中设置文字大小为12px，行高为 20px，文字颜色为♯000033。"区块"分类中设置"字母间距"为 3px。

（6）选中刚才编辑的文字右击，从弹出的快捷菜单中选择"CSS 样式"命令，在级联菜单中选择刚才编辑的样式 c1，将其应用到选中的文字。

说明：为了使网站的二级栏目风格保持一致，所有的二级栏目页面都采用相同的布局方式，所以制作方法比较类似，读者可以模仿着制作"历代名茶"、"茶的传播"等页面。

5.2.5 项目 5："茶史简介"栏目框架结构及茶树起源栏目制作

此页面完成的效果图如图 5.38 所示。

页面中要用到的元素有框架、锚记和样式。

说明：为了使栏目子页面之间能够方便地跳转，引入了框架结构。因为框架结构的特殊性（可以将一个窗口分成几个浏览器窗口打开），在页面中通过设计一个上方和右方嵌套的框架，在访问左侧的超链接项目时，上方和左方保持不变，只是将需要打开的网页显示在

图 5.38　完成的效果图

右侧的主体区域中,这样可以灵活的实现页面的切换。

同样,将这个项目分解成两个任务来完成。

任务 1　建立框架结构

操作步骤:

(1) Dreamweaver 中新建一个 html 文件,在"布局"插入栏中选择框架图标 □·,单击下三角按钮,选择上方和嵌套的右侧框架。

(2) 保存框架。选择"文件"→"保存全部"命令,在弹出的"另存为"对话框中输入文件名 frameset,保存在站点文件夹的茶史简介栏目子文件夹中,单击"确定"按钮后再次弹出"另存为"对话框,此时为网页起名 csqy1,路径与 frameset 的相同。此时框架就保存好了。

(3) 单击框架的上边区域,插入一个一行两列的布局表格,设置宽度为 870px,边框为 0,对齐方式为"居中"。在表格的第一个单元格中插入站点文件夹中 images 子文件夹中的 logo.jpg。设置宽度为 150px,高度为 124px,边框为 1。在第二个单元格中插入图片 banner.jpg(在 images 文件夹中),设置宽度为 760px,高度为 124px。调节框架的高度,使图片能完全显示。

(4) 选择"文件"→"保存"命令,在弹出的对话框中设置文件名为 top_frame,路径为站点文件夹中的茶史简介栏目文件夹中。此时框架的上边部分编辑完成了。

(5) 将光标定位在框架的左侧部分,对应的文件是 left_frame。单击 Spry 插入栏中的"Spry 可折叠面板",如图 5.39 所示。

标签
内容

图 5.39　插入可折叠面板

（6）编辑标签为"茶史简介"，标签中的内容分别为"茶树起源"、"茶字演变"、"历代名茶"和"茶的传播"。选中文字"茶史简介"，在"属性"面板中设置 CSS 属性如图 5.40 所示。

图 5.40 "属性"面板

（7）选中文字"茶树起源"，打开右侧 CSS 样式浮动面板，单击"当前"按钮（如图 5.41 所示），在所选内容的摘要部分双击鼠标左键，在打开对话框的"类型"选项卡中设置字大小为 12px，行高为 25px，颜色为 #009966。在"区块"分类中设置字母间距为 1px。

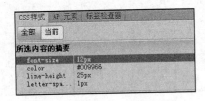

图 5.41 CSS 样式浮动面板

图 5.42 茶史简介效果图

制作的效果如图 5.42 所示。

（8）为"茶字演变"、"历代名茶"、"茶的传播"设置样式，方法同（7）。

此时左侧的框架文件就编辑好了。继续完成右侧主体区域的编辑。

任务 2 编辑右侧的茶树起源网页

操作步骤：

（1）在右侧区域插入一个 1 行 1 列的布局表格，设置宽度为 717px，表格的背景图片为 images/bg.jpg，在表格中输入文字"您现在所在的位置：首页＞茶树起源"，在文本插入栏中选择最下方的紧密换行符，接着输入茶树起源文字介绍。

（2）选中文字"首页"，在"属性"面板中为其设置字体字号（如图 5.43 所示），设置超链接属性（如图 5.44 所示）。

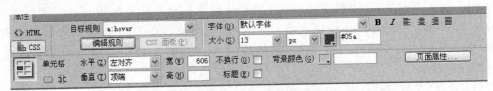

图 5.43 CSS 属性面板

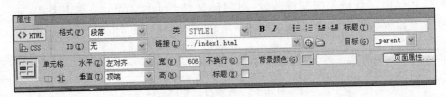

图 5.44 HTML 属性面板

说明：图 5.44 中"链接"下拉列表的"../index1.html"指的是网站的首页。

（3）为文字添加样式，操作步骤为：打开 CSS 面板，新建 CSS 规则，设置选择器的类型为"类"，名称为.c，定义仅对该文档，如图 5.45 所示。

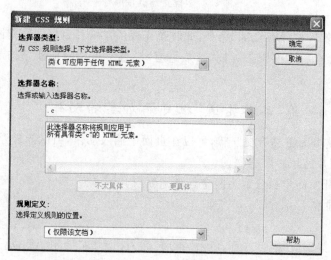

图 5.45　新建 CSS 规则对话框

（4）单击"确定"按钮，在"CSS 规则定义"对话框的"分类"项中设置文字大小为 12px，行高为 20px，文字颜色为♯000033。在"区块"分类中设置"字母间距"为 3px。

（5）选中刚才编辑的文字，右击，在弹出的快捷菜单中选择"CSS 样式"命令，选择刚才编辑的样式 c，此时文字的效果发生了变化，如图 5.46 所示。

> 您现在所在的位置：首页>茶树起源
>
> 滇南、滇西南的古生物地理气候是世界茶树起源的大温床，思茅是世界茶树起源与演化的中心地带，思茅及其周边（包括西双版纳等）近8万平方公里的地域内，分布着如此众多的原始野生型古茶树、古茶山及过渡型古茶树以及栽培型千年古茶园，是茶树进化变异最多的区域，景谷宽叶木兰化石的出土，为引证茶树起源中心增添了古植物依据。古生物地理气候与山运动，茶树起源据云南地质史研究：大约在1.8亿年前，中生代侏罗纪云南就只是露出海面的陆地，滨临暖海，地貌起伏不大，当时还处于蕨类植物和裸子植物阶段，被子植物尚未出现。到1亿年前的中生代后期至7千万年前的新生代第三纪，许多被子植物开始在这里发生、滋长、演化，出现了花果，许多山茶科近缘植物也都在这里繁生，为茶树物种的孕育形成创造了条件。大约在5千万年前至2千5百万年第三纪中新世出现了喜马拉雅山造使青藏高原隆起，云南横断山脉出现，成为高原。
>
> 由于北半球发生了第四纪出现的四次冰山袭击，中纬度消灭了喜温喜热的第三纪区系，而云南的南部和西南部因未遭到冰山的袭击保留了许多第三纪遗存的植物如滇南木莲、树蕨、鸡毛松、苏铁、古莲等，起源于第三纪早期的山茶植物反而滋生演化、繁盛起来。世界山茶科植物共有23属，749种，而中国就有15属398种，占54.5%，并集中分布在云贵高原，尤以云南居多。其中山茶族种数共240个，我国就占有210个，占87.5%，在山茶族中，山茶属种共220个，我国有190个，云南就有55个，且独有种30个，以滇南、滇西南居多，茶树近缘植物之多，为世界之冠。地理气候因素在生物进化历程中的作用是特别明显的，云南的古生物地理气候可以说是决定茶树起源、进化和分布的重要条件，茶树这一种族，在很早的地质年代就已独立演化发展了，云南(尤其是以思茅为中心的滇南、滇西南)具有孕育茶树滋生、繁衍和发展的独特的地理气候条件。这里由于地处低纬高原，横断山系，江河纵横，山岭交错，形成一山分四季，十里不同天的气候特点，总体上属南亚热带季风气候区域，冬无严寒，夏无酷热，雨量充沛，气候温和，干湿分明，少霜多雾，这一特定的地理位置、地势地貌和季风气候，为茶树的起源提供了特有的理想生态环境。

图 5.46　套用样式后的文字效果

（6）在左侧框架（文件 left_frame.html）中选中文字"茶树起源"，在"属性"面板中设置超链接为刚编辑的网页 csqy1.html，设置目标为 mainFrame，如图 5.47 所示。

图 5.47　设置超链接属性

（7）选择"文件"→"保存全部"命令，此时就完成了二级栏目框架结构网页的编辑工作。

说明：其他栏目，如"茶风茶俗"、"品茶论道"栏目所采用的框架结构制作方法类似，读者可以自己完成。

5.2.6　项目6：为"品茶论道"栏目添加层和动作

说明：为了使页面更具有交互感，可以在页面中插入动作，当鼠标悬浮在图片上时层显示出来，当离开图片区域后层隐藏。

将这个项目开发的步骤分解为两个任务来完成。

任务1　添加层

操作步骤：

（1）打开"品茶论道"栏目首页，单击"布局"插入栏上的"绘制 AP Div"按钮，在页面上拖动鼠标，绘制一个层。

（2）将光标放置到层内，在层内输入文字"茶文化…品茶技艺。"，在"属性"面板上设置层的名字为 d1，并设置层的可见性为 hidden，如图 5.48 所示。

图 5.48　可见性设置截图

任务2　添加显示隐藏行为

操作步骤：

（1）选中图片 tea web/pcld/images/zhcd_b.jpg（在第一个单元格中的图片），如图 5.49 所示。

（2）单击"行为"面板中的"+"按钮，会弹出一个菜单，这里列出了常用的动作，如图 5.50 所示。选择"显示-隐藏元素"选项，此时弹出"显示-隐藏元素"对话框，如图 5.51 所示。

图 5.49　选中的图片

图 5.50　添加行为

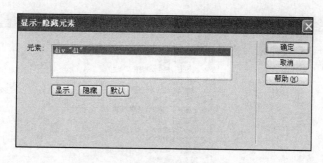

图 5.51 "显示-隐藏元素"对话框

（3）在对话框中列出了当前网页上所有层的名称，选中 d1，单击"显示"按钮，再单击"确定"按钮。此时，"行为"面板上就显示了刚才添加的行为，如图 5.52 所示。

（4）根据面板中的显示，这个动作对应的事件是 onClick，表示当单击这个图片时就执行显示层的动作。如果需要鼠标指向图片时显示层，此时可以修改事件，单击行为左边的 onClick 事件，出现一个下拉按钮，单击下拉按钮，在弹出的菜单中选择 onMouseOver 事件，此事件表示当鼠标在选中的对象上时会触发动作的执行。

（5）重复（2）～（3）步操作，在"显示-隐藏元素"对话框中选择该层，单击"隐藏"按钮，再单击"确定"按钮。重复步骤（4），在弹出的菜单中选择 onMouseOut 事件，得到如图 5.53 所示的结果。

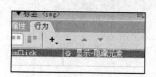

图 5.52　添加的行为

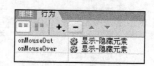

图 5.53　修改后的行为

（6）保存该页面，按 F12 键预览该页面，可以看到当鼠标指向图片时该层就显示，移出图片时该层就隐藏。

5.2.7　项目 7：为"意见反馈"栏目添加打开浏览器窗口行为

说明：在打开意见反馈栏目页面的同时可以打开一个小的浏览器窗口，在这个页面介绍与此栏目相关的资讯。

将这个项目开发的步骤分解为两个任务来完成。

任务 1　制作弹出信息网页

操作步骤：

（1）在 Dreamweaver 中新建一个空白的 HTML 文件，布局选择"无"，如图 5.54 所示。

（2）单击"创建"按钮，在新建的网页中切换到"设计视图"编辑网页。

（3）在网页中输入文字"温馨提示……"，选中文字"温馨提示"，在"属性"面板中单击"居中"按钮，此时弹出图 5.55 所示对话框。在对话框中选择类型是"类"，选择器的名称为.title，规则定义在"仅限该文档"。

192

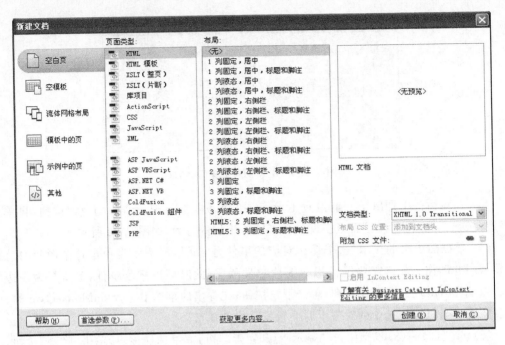

图 5.54 "新建文档"对话框

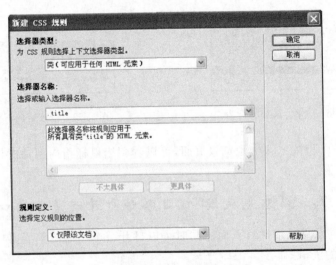

图 5.55 "新建 CSS 规则"对话框

（4）单击"确定"按钮，在右侧的 CSS 样式面板中会出现图 5.56 所示的.title 样式。双击该样式，打开样式设置对话框，如图 5.57 所示。设置字体为"方正舒体"，大小为 24px，颜色为♯060，文本修饰为"无"。

图 5.56 CSS 面板的结点

（5）设置"区块"分类下的 Text-align 为 center。

（6）单击"确定"按钮，此时可以看到文字的格式发生了变化。

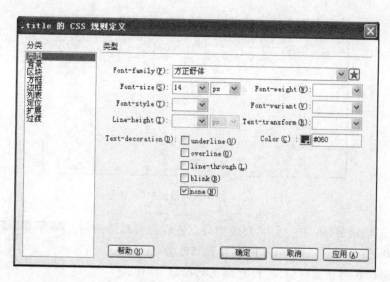

图 5.57　样式类型定义

（7）选中文字"在这里您…资讯"，在"属性"面板中单击编辑规则按钮，此时弹出"新建CSS规则"对话框。在对话框中选择类型是"类"，选择器的名称为.content，规则定义在"仅限该文档"。

（8）单击"确定"按钮，在右侧的 CSS 样式面板中双击 content 样式，打开样式设置对话框，设置字体为"华文隶书"，大小为 16px，颜色为 #090，文本修饰为"无"。

（9）按 Ctrl+S 组合键保存网页，将网页以 content.html 为文件名保存在意见反馈栏目文件夹中（tea web\lxwm）。此时完成了弹出的信息网页的制作，效果图如图 5.58所示。

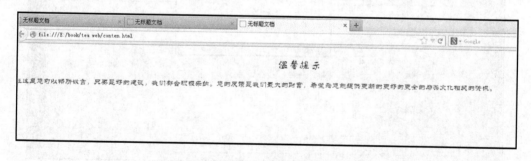

图 5.58　预览效果图

任务 2　为网页添加"打开浏览器窗口"行为

操作步骤：

（1）在 Dreamweaver 中打开意见反馈栏目首页（保存在 tea web\lxwm 文件夹中）。

（2）单击"行为"面板中的"+"按钮，在弹出的下拉列表中选择"打开浏览器窗口"选项，此时弹出"打开浏览器窗口"对话框，在对话框中进行属性设置，如图 5.59 所示。

说明：在对话框中可以设置要显示网页的 URL，为窗口设置宽度和高度。在属性栏中可以设置打开的窗口中是否出现导航工具栏、菜单栏、地址工具栏、滚动条和状态栏等。

194

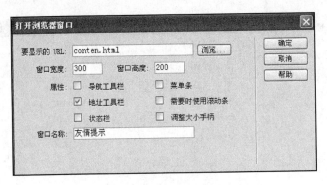

图 5.59 "打开浏览器窗口"对话框

（3）单击"确定"按钮，在"行为"列表中可以查看当前添加的行为，如图 5.60 所示。单击 onFocus 事件，将其修改为 onMouseOver，表示当鼠标悬浮在对象上时触发"打开浏览器窗口"动作。

图 5.60 "行为"列表

（4）按 Ctrl＋S 组合键保存网页，设置完之后预览网页，如图 5.61 所示。当鼠标悬浮在设置的区域上时，打开任务 1 中制作的温馨提示页面，页面的宽度为 300 像素，高度为 200 像素。

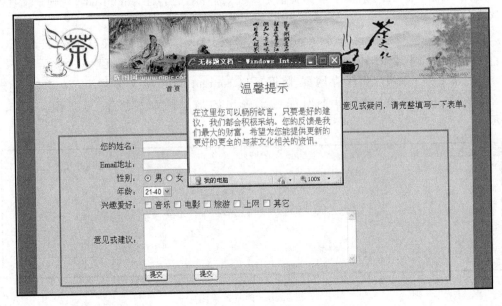

图 5.61 预览页面

5.2.8 项目 8：为"意见反馈"栏目添加表单验证行为

说明：为"意见反馈"页面的表单添加"检查表单"动作，目的是在客户方检查指定的文本域中是否输入了正确的数据。

操作步骤：

（1）在 Dreamweaver 中打开意见反馈栏目首页（保存在 tea web\lxwm 文件夹中）。

（2）在设计视图中选中 txtname 文本框，单击"行为"面板中的"＋"按钮，在弹出的下拉列表中选择"检查表单"选项。此时,弹出"检查表单"对话框,在对话框中进行属性设置,如图 5.62 所示。

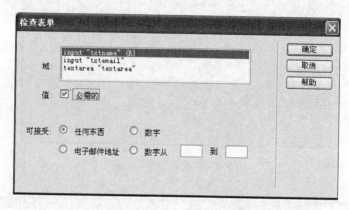

图 5.62 "检查表单"对话框

(3) 单击"确定"按钮,在"行为"面板中显示检查表单动作,如图 5.63 所示。此时完成了对姓名框的验证。

说明:默认的事件是 onBlur,表示当对象失去焦点时触发这个行为。

(4) 在表单中选中 txtemail 文本框,单击"行为"面板中的"+"按钮,在弹出的下拉列表中选择"检查表单"选项,在弹出的"检查表单"对话框中进行属性设置,如图 5.64 所示。

图 5.63 "行为"列表

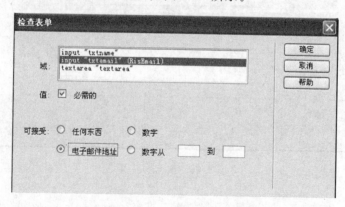

图 5.64 "检查表单"对话框

(5) 单击"确定"按钮,此时完成了电子邮件文本框的验证行为的设置。

(6) 使用同样的方法在表单中选中 txtarea 文本域,单击"行为"面板中的"+"按钮,在弹出的下拉列表中选择"检查表单"选项,在弹出的"检查表单"对话框中进行属性设置,如图 5.65 所示。

(7) 此时,完成了表单验证行为的添加,预览效果如图 5.66 所示。单击"您的姓名"文本框之后没有输入任何信息,将光标移动到文本框之外时会弹出"来自网页的消息"对话框,提示姓名字段是必填的。

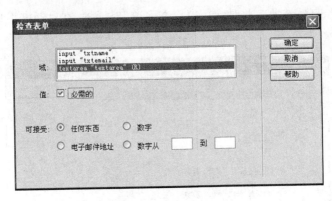

图 5.65 "检查表单"对话框

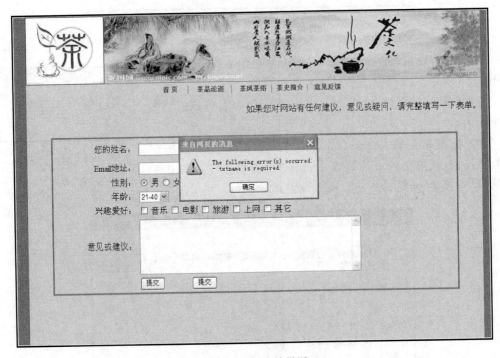

图 5.66 预览效果图

5.2.9 项目9：站点测试

说明：站点制作好之后还需要检查是否存在链接的错误以及网页在不同浏览器之间的兼容性，此时可以使用 Dreamweaver 的测试工具对站点进行测试。

将站点测试分解为两个任务来完成。

任务1 检查网页在不同浏览器中的兼容性

操作步骤：

(1) 在 Dreamweaver 中打开"茶品文化"网站，如图 5.67 所示。

(2) 打开"品茶论道"栏目的 index.html 文件。单击文档工具栏上的 ▦ 按钮，在弹出的菜单中选择"检查浏览器兼容性"选项，如图 5.68 所示。

图 5.67　站点管理器

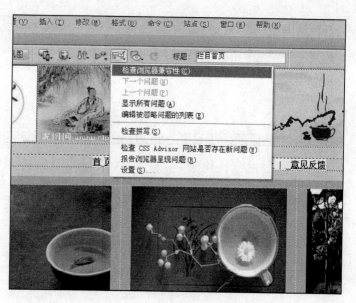

图 5.68　检查浏览器兼容性

（3）在文档属性面板下方出现一个"结果"面板，该面板中的"浏览器兼容性"标签处于激活状态，在面板下方列表区中显示当前编辑的页面存在哪些兼容性问题，如图 5.69 所示。

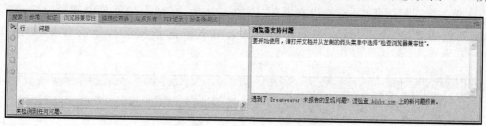

图 5.69　页面检查的"结果"面板

目前在列表中没有任何信息，表示当前页面没有检测到问题。

（4）对于"茶品文化"站点中的其他网页，都可以采用相同的方法检查浏览器兼容性。读者可以自己动手试一试。

说明：如果网站使用的是普通的操作，如插入图像、文字，则一般不会有兼容性问题；但如果网页中引入了 Flash 文件、框架等元素，可能会存在不同浏览器间不兼容的问题。

任务 2　检查超链接的有效性

利用 Dreamweaver 的"检查链接"功能可以找到网站中存在的无效链接，从而节省了大量的手工检查时间。

操作步骤：

（1）打开"品茶论道"栏目的 index.html 文件。

（2）选择"文件"→"检查页"→"链接"命令，此时在"属性"面板下方出现一个"结果"面板，默认停留在"链接检查器"选项卡。在此选项卡中显示了这个页面存在的"断掉的链接"，如图 5.70 所示。

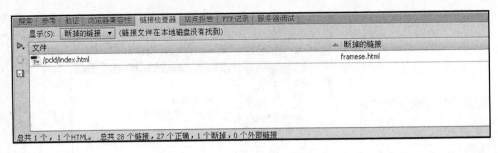

图 5.70　检查断掉的链接的"结果"面板

（3）在"链接检查器"选项卡中单击"断掉的链接"下的 frames.html，可以更改错误的链接地址，如图 5.71 所示。

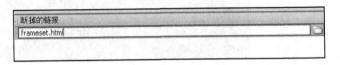

图 5.71　更正无效的链接

使用这种方法可以检查单个页中存在的无效链接，也可以检查整个站点中的链接情况。
操作步骤：

① 单击"结果"面板中"链接检查器"左边的 ▷ 按钮，在弹出的菜单中选择"检查整个当前本地站点的链接"命令，站点中的所有页面存在的无效链接都会显示出来，如图 5.72 所示。

图 5.72　整个站点中存在的无效链接

② 在显示项右侧单击下拉按钮，弹出的下拉列表中选择"外部链接"或"孤立的文件"，这时面板中会显示到站外的链接或站点中孤立的文件信息。

5.2.10　项目 10：网站上传到虚拟空间

目前有很多公司提供免费的空间，可以在搜索引擎中搜索"免费网站空间"，通过链接选择一个免费的站点空间。此类站点空间不需支付费用，但是限制比较多，比如空间容量小，必须使用二级域名等。所以，如果做规范的网站，最好通过购买主机来获取空间。

不论是以哪种方式获取空间，通过 ISP 服务商都会得到一个 FTP 主机的 IP 地址、登录账号和登录密码，以及访问空间的域名，可以将站点上传到网络上。

下面演示如何将网站上传到服务器上。我们已经在 3v 网站（URL 为 http://www.3v.cm）

上申请到免费空间,得到 FTP 主机的 IP 地址是 180.178.58.46,登录账号是 mminnaliu,登录密码是 123456,主页地址是 http://mminnaliu.svfree.net。

任务 1　设置 FTP 站点空间

在将网页上传到网络上之前,先要设置 FTP 站点空间。操作步骤如下:

(1) 在"文件"面板的"站点管理"下拉列表中选择"管理站点"选项,打开"管理站点"对话框,如图 5.73 所示。

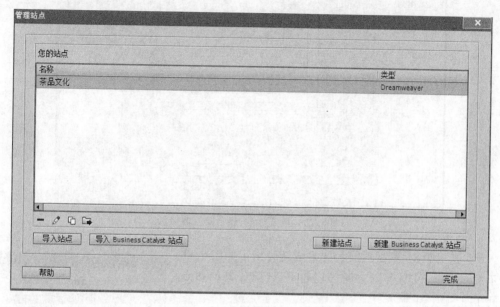

图 5.73　"管理站点"对话框

(2) 在"您的站点"列表框中双击"茶品文化"站点,打开"站点设置对象 茶品文化"对话框。在对话框左侧选择"服务器"项,如图 5.74 所示。

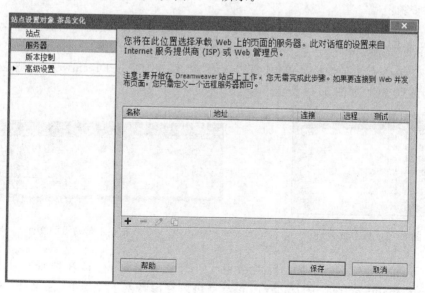

图 5.74　服务器属性对话框

（3）在对话框中单击左下角的"添加新服务器"按钮 ✚ ，在打开的对话框中设置服务器的参数。在"FTP 地址"文本框中输入 180. 178. 58. 46，在"用户名"文本框中输入 mminnaliu，在"密码"文本框中输入 123456，如图 5.75 所示。

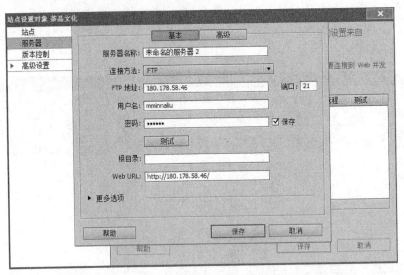

图 5.75 设置远程 FTP 服务器信息

（4）这时单击"测试"按钮，如果成功弹出了如图 5.76 所示的消息框，说明可以访问远程的 FTP 服务器的站点空间了。

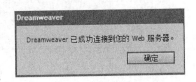

（5）单击"保存"按钮来保存当前的设置。此时，站点的 FTP 站点空间就设置好了。

图 5.76 连接到服务器成功

任务 2 上传网页

操作步骤：

（1）在"文件"面板上，单击文件列表中的最上面的一项即"站点—茶品文化"，选中整个站点，如图 5.77 所示。

（2）右击，在弹出的快捷菜单中选择"上传"命令，这时通过 Dreamweaver 把茶品文化站点上传到站点空间，如图 5.78 所示。

图 5.77 选中整个站点　　　　　　　图 5.78 正在上传站点的文件

（3）等待一会时间，站点上传就结束了。打开浏览器窗口，在地址栏中输入域名 http://mminnaliu. svfree. net/index1. html 就可以在因特网上浏览"茶品文化"网站了，如图 5.79 所示。

图 5.79　因特网上通过域名浏览的网站首页

5.2.11　项目 11：维护站点

网站运行一段时间之后需要更新其中的内容,这就涉及站点的维护。通常一个小型的站点由一个人可以完成维护,但是大型的网站可能需要多个人员共同完成此工作。

把维护工作分解成两个任务:更新页面和多人同时维护站点。

任务 1　更新远程站点空间上的页面

更新远程站点空间上的页面,需要先下载需要更新的页面,修改页面之后再上传页面。下面以打开"建议反馈"栏目的首页为例进行更新操作。操作步骤如下:

（1）单击"文件"面板上的"扩展"按钮 ，此时可以看到如图 5.80 所示的界面。窗口左边是远程站点空间的文件列表,右边是本机的文件列表。

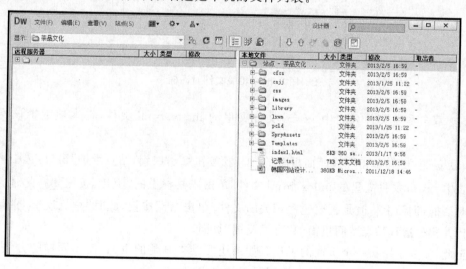

图 5.80　站点管理窗口

（2）单击工具栏上的"连接"按钮，这时 Dreamweaver 会连接上远程的站点空间，在远端文件列表中会出现远程站点空间上的所有文件夹和文件，如图 5.81 所示。

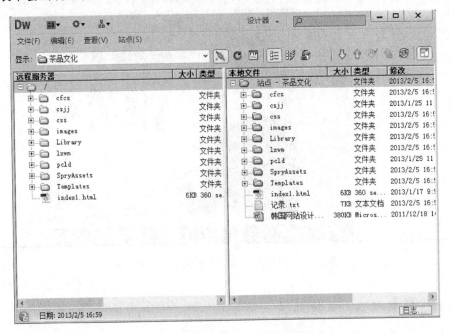

图 5.81　连接到远端站点的管理窗口

（3）单击远端文件列表中的 lxwm 文件夹前的加号，展开该文件夹。选中该文件夹中的 index.html，单击工具栏上的"下载"按钮　。这时会弹出一个对话框询问下载时是否要包含相关的文件，如图 5.82 所示，单击"否"按钮，这时"建议反馈"栏目首页会下载并覆盖计算机上原来的页面。

图 5.82　相关文件对话框

（4）双击本地文件列表中 lxwm 文件夹里的 index.html 文件，在本地编辑该网页并保存。

（5）编辑之后，单击"文件"面板上的"扩展"按钮　，回到"站点维护"窗口，选中本地文件列表中 lxwm 文件夹里的 index.html 文件，单击工具栏上的"上传"按钮　，此时会弹出一个对话框，询问上传时是否要包含相关的文件，单击"否"按钮，此时"意见反馈"栏目页面会上传并覆盖远程站点空间里面的"意见反馈"页面。

至此，完成了维护一个页面的工作。如果还要维护其他的页面，使用同样的方法，先下载要维护的页面，然后修改，最后上传到远程站点空间。

任务 2　多人同时维护一个站点

对于大型的网站经常是多个人来同时维护,一般是为每个人分配不同的栏目,但是栏目之间是有联系的,修改了一个页面往往会涉及其他人负责的页面,造成维护的复杂性。使用Dreamweaver可以解决这个问题,下面来看操作步骤:

(1)在"文件"面板上的"站点管理"下拉列表中选择"管理站点"选项,打开"管理站点"对话框,在站点列表中双击"茶品文化"站点,此时打开"站点设置对象 茶品文化"对话框。在对话框左侧选择"服务器",在右侧远程服务器列表中可以看到之前定义的远程服务器,如图5.83所示。

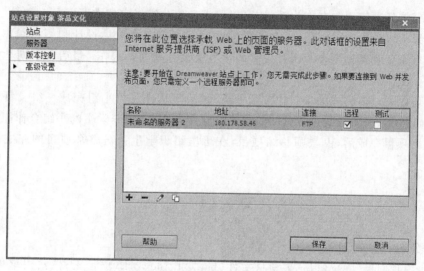

图5.83　"站点设置对象 茶品文化"对话框

(2)双击服务器,在打开的远程服务器设置对话框中单击"高级"按钮,打开如图5.84所示的对话框。在对话框中选中"启用文件取出功能"复选框,设置"取出名称"为自己的名字,"电子邮件地址"文本框可以不设置,单击"确定"按钮,此时启用了Dreamweaver的多人维护站点功能。

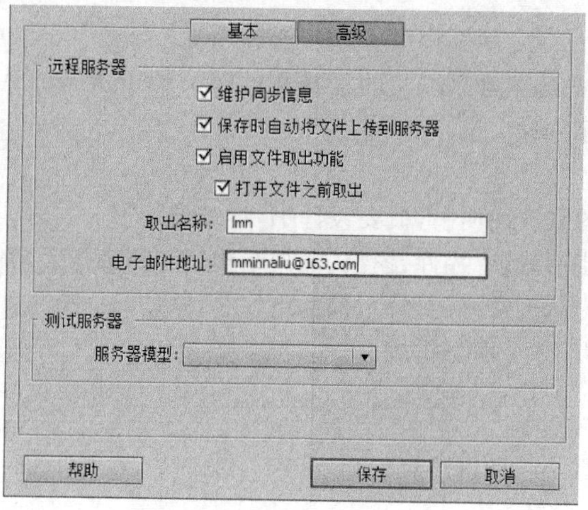

图5.84　远程服务器高级设置

（3）单击图 5.81 中远端文件列表中需要修改的页面，单击工具栏上的"取出"按钮 ➡️。选中的文件会下载到本地计算机中，并在远端站点和本地文件列表中文件图标后面出现一个绿色的对钩，表示该文件被"取出"，其他人不能修改此文件。

（4）当"取出"的页面修改后，单击工具栏上的"存回"按钮，此页面就会上传到远程站点空间并解除文件的锁定，其他人可以对页面进行修改。

本章学习建议

如果高校教师使用本书作为教材，可以要求学生分组来完成本章习题 1 和 2。

每小组可以安排 4 名同学，一名同学作为项目经理负责总体设计和网站制作；一名同学负责需求采集和网站制作；还有一名同学负责设计和网站制作；最后一名同学主要负责网站制作和测试。

教师可以先对要完成的项目作一个分析，之后下达任务由小组完成。组长负责组织队员确定实施方案，按照方案进行网站实现。在这个过程中，培养学生的小组合作能力和沟通能力。整个项目完成后，由教师总结项目，在班里组织学生针对整个项目的完成情况进行讨论。

习 题 5

综合练习：建议安排 12 个上机课时。

1. 使用我们提供的洛川苹果素材文件（book\homework\项目素材\洛川苹果）制作一个洛川苹果的网站，该网站旨在宣传洛川苹果，让更多的人了解这个品牌，关注这个品牌。

要求：

（1）制作该网站的需求说明书，概要设计书，详细设计书。

（2）在该网站中能使用 Spry 控件、模板、框架结构、库、行为。

（3）制作的网站能克服之前展示的洛川苹果网站的不足，能体现友好的界面，信息组织合理。

（4）该网站至少由 15 个网页构成。

2. 使用我们提供的蔬菜水果网站的素材文件（book\homework\项目素材\蔬菜水果）制作一个蔬菜水果展示网站。

要求：

（1）制作该网站的需求说明书，概要设计书，详细设计书。

（2）在该网站中使用 Spry 控件、模板、框架结构、库、行为等元素。

（3）制作的网站能体现友好的界面，信息组织合理。

（4）该网站至少由 15 个网页构成。

第6章 网站开发的建议

6.1 网站开发中的建议

（1）背景与文字的搭配。

如果网站采用了大面积的背景颜色，则要考虑背景颜色与前景文字颜色的搭配问题。一般做法是：背景设置纯度或者明度比较低的颜色，文字则采用较为突出的亮色显示，显得一目了然。

（2）网页尺寸和显示器分辨率之间的关系。

为了方便用户浏览网页，最好是在网页中不要出现水平滚动条，同时不要让浏览者拖动页面超过三屏。所以在制作网页时要考虑页面的大小。网页的页面尺寸与显示器大小及分辨率有关，不同分辨率下页面的最佳尺寸如表 6.1 所示。

表 6.1 不同分辨率网页的尺寸

编号	分辨率（单位像素）	最佳尺寸
1	800×600	页面宽度不超过 778 像素，高度不限
2	1024×768	页面宽度不超过 1002 像素，高度不限

注：在 Photoshop 中设计网页时，800×600 分辨率下如果需要全屏显示，可以设置尺寸为 740×560 像素，此尺寸的页面不会出现滚动条。

6.2 网页的色彩应用

网页设计中的配色原则：

（1）确定网站的主要色彩。因为不同的颜色给人的心理感受是不同的，选择适合网站风格的色彩作为主色，接下来再来选择搭配的辅色。

（2）辅色的选择。根据网站的风格和选好的主色来选择辅色，通常用于装饰条或者背景之类的地方。网页背景不能太亮，而是应该和主色和谐一致。

（3）平衡所选的颜色。不同颜色给人的轻重感觉是不一样的，这种轻重感主要与色彩的明度有关。明度高的色彩使人联想到蓝天、白云、花卉等物体，明度低的色彩容易使人联想到钢铁、大理石等物品。在页面比较轻的地方添加黑色或者金黄色的装饰条，这样容易被人接受的颜色就搭配出来了。

6.3 网页的设计原则

（1）内容第一，形式第二。
（2）重点信息要醒目。
（3）在网页中不要过多引入媒体元素。
（4）考虑浏览器的兼容性。
（5）设置一个结构清晰的导航条。
（6）确保网站中的链接正确。

6.4 确定网站的主题

主题包括网站的主要内容、栏目组成等信息。

注意：网站的信息选择应该以用户为中心，以帮助用户完成任务为宗旨，而不是按照网站建设者的思路来选择。

栏目的信息确定之后，就需要进行合理的组织信息。网站像一个信息黑盒子，信息都装在里面，用户不能直接看到，必须通过有效的组织和链接，才能一步步的获取信息。信息的组织是通过栏目来划分的。栏目可以分为多级，每一级栏目下面还可以设置下一级栏目。

6.5 定位网站风格

风格是一个抽象的概念，不同的人对同一种风格的喜好是不同的。一个网站应该使用统一的风格，包括标志、导航条和版权信息等，一个网站的所有页面尽量都要统一风格。

网站的风格有如下几种：

（1）生动活泼型。这类风格主要应用在艺术、体育、娱乐和生活等类型的主题网站，主要受众群体是青年、儿童。网站中采用鲜艳的颜色，曲线分割的版面营造出轻松、愉快、活泼的氛围。如图 6.1 所示，采用干净的蓝色，卡通的图形体现欢快、轻松的风格。

图 6.1 迪斯尼中国网站

（2）现代时尚型。这类网站一般传递时尚的资讯，比如服饰、美容、化妆品和首饰等。如图 6.2 所示，瑞丽网是通过时尚的图形设计和精美的时尚用品图片来勾画出时尚生活的轮廓。

图 6.2　瑞丽网首页

（3）严肃稳重型。学校、科研机构和政府机关等部门的网站应该体现出严肃沉稳的风格，才能建立起权威性和可行度。图 6.3 所示的清华大学网站采用了沉稳的紫色作为主色调，图片选自清华大学建校以来典型的照片，在版面分割上中规中矩，设计风格简洁，体现了严肃沉稳，认真负责的态度。

图 6.3　清华大学网站

网站开发的建议

（4）传统古朴型。主要适合于传达民族民间文化、历史古迹、传统艺术类的网站。

6.6　确定网站的结构

一个网站中网页的组织方式大致可以分为线性结构、树形结构和网状结构。

（1）线性结构：指网页之间是单线联系的。比如说，从 A 网页可以链接到 B 网页，从 B 网页可以链接到 C 网页，从 C 网页可以链接到 D 网页，返回时依次进行返回，从 D 网页回链到 C 网页，再回链到 B 网页、A 网页，但网页 A、B、C、D 之间不能跳跃式地自由联系，比如不能从 A 网页直接跳转到 C 或者 D。一般内容较少的小型企业网站采用这种层次结构。

（2）树形结构：指网页之间是分层联系的。假如网页 A 是首页，网页 B、C 是栏目页面，网页 D 是网页 C 的子栏目页面，那么可以从网页 A 链接到 B、C，从网页 C 可以链接到网页 D。但树形结构严格按照由首页到栏目页面，由栏目页面到子栏目页面的方式层层相连，不能跳层相连，如图 6.4 所示。

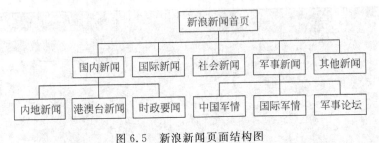

图 6.4　树形链接示意图

（3）网状结构：指网页之间是呈网状联系的，也就是网页 A、B、C、D 之间的链接是网状的，可以随意互相链接。

确定网站结构的原则：

（1）分类合理。应该按照一定的逻辑性对网站信息进行分类。比如新闻类网站，目标网民是关注新闻的用户，具体分类时应该符合浏览者阅读习惯，名称应该相对固定，不虚设类目。

（2）分层合理。考虑网站将发布什么样的新闻信息，按照这些新闻信息的属性和特征，在根目录下分若干层次的子目录，组成一个有层次的、逐级展开的树形结构体系。

以新浪新闻网为例，如图 6.5 所示。

图 6.5　新浪新闻页面结构图

在新浪新闻网中首页到各栏目页面的链接结构为网状结构，栏目页面到子栏目页面采用树形连接，方便浏览者访问。

6.7　网页布局设计

网页布局是网页内容结构划分的区域，最常见的结构布局方式有国字型、匡字型、三字型和川字型等结构。

（1）国字型布局结构。一些大型网站所使用的布局结构，如新浪、搜狐。这类布局结构的最上面是网站的 Logo 和 Banner,下方又分为左中右结构,中间是网站的主要内容,最下面是网站的基本信息等,如图 6.6 所示。

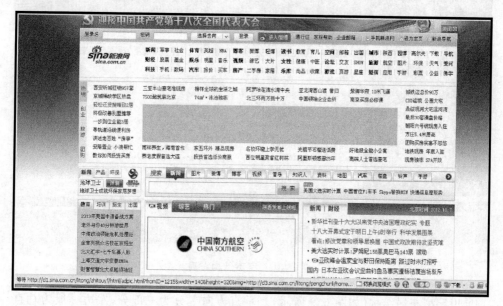

图 6.6　国字型结构网页

（2）匡字型布局结构（如图 6.7 所示）。比国字型结构简单一些,上面是标题和广告栏,下面的左侧是超链接,右边是很宽的正文。这种结构的信息量比国字型结构稍微少一些。

图 6.7　匡字型结构

（3）三字型布局结构（如图 6.8 所示）。在水平方向上将网页分为三部分,上面是站点标志和广告条,中间是主体信息,下面是版权信息等。

第 6 章

网站开发的建议

图 6.8　三字型结构布局

　　(4) 川字型布局结构(如图 6.9 所示)。垂直方向上分为三部分,左边一般为垂直导航条,中间是主体内容,右边是广告信息。

图 6.9　川字型结构布局

附　　录

1. 网页中文字设计

（1）文字的可读性。

设计中的文字应避免繁杂零乱,使人易认、易懂,切忌为了设计而设计,忘记了文字设计的根本目的是为了更好、更有效的传达作者的意图,表达设计的主题和构想意念。

（2）赋予文字个性。

文字的设计要服从于作品的风格特征。文字的设计不能和整个作品的风格特征相脱离,更不能相冲突,否则就会破坏文字的效果。一般来说,文字的个性大约可以分为以下几种:

- 端庄秀丽。这一类字体优美清新,格调高雅,华丽高贵。
- 坚固挺拔。字体造型富于力度,简洁爽朗,现代感强,有很强的视觉冲击力。
- 深沉厚重。字体造型规整,具有重量感,庄严雄伟,不可动摇。
- 欢快轻盈。字体生动活泼,跳跃明快,节奏感和韵律感都很强,给人一种生机盎然的感受。
- 苍劲古朴。这类字体朴素无华,饱含古韵,能给人一种对逝去时光的回味体验。
- 新颖独特。字体的造型奇妙,不同一般,个性非常突出,给人的印象独特而新颖。

（3）在视觉上应给人以美感。

在视觉传达的过程中,文字作为画面的形象要素之一,具有传达感情的功能,因而它必须具有视觉上的美感,能够给人以美的感受。字型设计良好,组合巧妙的文字能使人感到愉快,留下美好的印象,从而获得良好的心理反应。反之,则使人看后心里不愉快,视觉上难以产生美感,甚至会让观众拒而不看,这样势必难以传达出作者想表现出的意图和构想。

（4）文字的组合。

文字设计的成功与否也在于其运用的排列组合是否得当。为了造成生动对比的视觉效果,可以从风格、大小、方向和明暗度等方面选择对比的因素。文字的组合中要注意以下几个方面:

① 人们的阅读习惯。

文字组合的目的是为了增强其视觉传达功能,赋予审美情感,诱导人们有兴趣的进行阅读。因此在组合方式上就需要顺应人们心理感受的顺序。

水平方向上,人们的视线一般是从左向右流动;垂直方向时,视线一般是从上向下流动;大于45°斜度时,视线是从上而下的;小于45°时,视线是从下向上流动的。

② 字体的外形特征。

不同的字体具有不同的视觉动向,例如,扁体字有左右流动的动感,长体字有上下流动的感觉,斜字有向前或斜着流动的动感。因此在组合时,要充分考虑不同的字体视觉动向上的差异,从而进行不同的组合处理。比如,扁体字适合横向编排组合,长体字适合作竖向的组合,斜体字适合作横向或倾向的排列。合理运用文字的视觉动向,有利于突出设计的主题,引导观众的视线按主次轻重流动。

2. 在 Fireworks 中制作网站 Logo

知识提要：椭圆工具、文字工具、组合路径、添加效果。

制作步骤：

（1）新建文件,设置宽度为 133 像素,高度为 87 像素,画布颜色为＃009AFF。

（2）绘制椭圆,设置填充颜色为＃FF0000,笔触颜色为＃FFFFFF,线条粗细选择 1。按住 Shift 键,分别绘制一大一小两个圆,一个直径为 60 像素,一个直径为 50 像素。

（3）制作环形图案。

① 将两个圆叠放在一起,小的在上,大的在下,形成同心圆。

② 组合路径。将两个圆一起选中,选择"修改"→"组合路径"→"打孔"命令。

③ 绘制中间的小圆,再次选择"椭圆"工具,在"属性"面板上设置"填充颜色"为＃FF0000,笔触颜色为＃FFFFFF,线条粗细为 1,绘制一个直径为 30 像素的圆,并将它放置在环形的内部右侧。

④ 添加网站名称。选择文本工具,字体为华文新魏,字体颜色为＃FF0000,然后输入网站名称"茶"。

（4）添加发光效果。

选中网站名称,选择"修改"→"组合"命令,添加发光效果,发光的宽度为 1,颜色为＃FFFFFF。

3. 在 Fireworks 中制作透明按钮

知识提要：线性渐变、阴影和光晕、羽化边缘、凸起浮雕。

操作步骤：

（1）新建文件,大小为 211×68,颜色为"白色"。

（2）绘制圆角矩形,大小为 180×36。

修改该填充类型为"线性渐变",颜色变化范围为 0066FF～FFFFFF。

绘制第二个矩形,一个 160×20 的圆角矩形,在"属性"面板中设置坐标(24,24),填充颜色为＃00FFFF,边缘类型为"羽化",羽化总量为 20。

选中下面的圆角矩形,设置它的坐标为(24,19)。

（3）添加按钮文本。

插入文本,字体为"华文新魏",大小为 25,字体颜色为＃000000,在画布上输入"首页",选择"强力消除锯齿"。调整文字位置,放在画布中央,添加投影效果,10,65％,4,315,选中所有内容,按 Ctrl+G 组合键,增加"凸起浮雕",参数为 2,75％,2,135。

4. 在 Fireworks 中制作导航按钮

知识提要：线性渐变,组合路径,斜切矩形,对齐工具。

制作步骤：

（1）新建文件,大小为 780×63,白色。

（2）绘制矩形。选择矩形工具,"笔触颜色"为＃999999,类型为"1 像素柔化",笔尖大小为 3,填充类别为"线性渐变",颜色样本为＃CCCCCC、FFFFFF 和＃CCCCCC。

在画布中央绘制 780×63 的矩形,坐标为(0,0),调整线性渐变控柄的方向和长度。

（3）绘制斜切矩形。

插入"斜切矩形",填充颜色为＃000000,绘制一个 584×48 的斜切矩形。

（4）组合路径。

将两个矩形叠放在一起，斜切矩形的坐标为（112，19），保持斜切矩形在上方。选中两个矩形，选择"修改"→"组合路径"→"打孔"命令。

（5）使用直线划分导航按钮。

将导航条用直线分割成一个个的导航按钮，插入直线，笔触类型为 1 像素，笔尖大小为 1，笔触颜色为♯999999，高为 42 像素的竖直的直线，复制 4 条，选中 5 条中的任两条，属性中设置（96，22）、（682，22），在"层"面板中选中所有直线，在"对齐"面板中单击"底对齐"和"均分宽度"两个按钮。

（6）添加按钮文本。

设置字体为"宋体"，大小为 18，颜色为♯FFFFFF，按钮中添加"首页"、"茶品论道"、"茶风茶俗"、"茶史简介"和"意见反馈"。

5. HTML 的标记

HTML 的所有标记如下表所示。

标　　记	说　　明
a	标明超链接的起始或目的位置
acronym	标明缩写词
address	特定信息，如地址、签名、作者、此文档的原创者
applet	在页面上放置可执行内容
area	定义一个客户端图像映射中一个超链接区域的形状、坐标和关联 URL
b	指定文本应以粗体渲染
base	指定一个显示 URL 用于解析对于外部源的链接和引用，如图像和样式表
baseFont	设置渲染文本时作为缺省字体的基础字体值
bdo	允许作者为选定文本片段禁用双向法则
bgSound	允许页面带有背景声音或创建音轨
big	指定内含文本要以比当前字体稍大的字体显示
blockQuote	设置文本中的一段引语
body	指定文档主体的开始和结束
br	插入一个换行符
button	指定其中所含的 HTML 要被渲染为一个按钮
caption	指定表格的简要描述
center	将后面的文本和图像居中显示
cite	用斜体显示标明引用
code	指定代码范例
col	指定基于列的表格缺省属性
colGroup	指定表格中一列或一组列的缺省属性
comment	标明不可见的注释
custom	代表了一个用户自定义元素
dataTransfer	提供了对于预定义的剪贴板格式的访问，以便在拖曳操作中使用
dd	在定义列表中表明定义。定义通常在定义列表中缩进
del	表明文本已经从文档中删除
dfn	表明术语的定义实例
dir	引起目录列表
div	指定 HTML 的容器

213

标　记	说　明
dl	引起定义列表
dt	在定义列表中表明定义术语
em	强调文本,通常以斜体渲染
embed	嵌入视频文档
fieldSet	在字段集包含的文本和其他元素外面绘制一个方框
font	指定文本的字体、大小和颜色
form	指定表单控件
frame	在 FRAMESET 元素内指定单个框架
frameSet	指定一个框架集,用于组织多个框架和嵌套框架集
head	提供了关于文档的相关信息集合
hn	以标题样式渲染文本
hr	绘制水平线
html	表明文档包含 HTML 元素
HTML 注释	避免文本或 HTML 源代码被处理
i	指定文本应以斜体渲染
iframe	创建内嵌浮动框架
img	在文档中嵌入图像或视频剪辑
IMPORT	从元素行为中导入标签定义
input	创建各种表单输入控件
input type＝button	创建按钮控件
input type＝checkbox	创建复选框控件
input type＝file	创建文件上传控件,该控件带有一个文本框和一个浏览按钮
input type＝hidden	传输关于客户端/服务器交互的状态信息
input type＝image	创建一个图像控件,该控件单击后将导致表单立即被提交
input type＝password	创建与 INPUT type＝text 控件类似的单行文本输入控件,不过其中并不显式地显示用户输入的内容
input type＝radio	创建单选钮控件
input type＝reset	创建一个按钮,该按钮单击后将重置表单控件为其缺省值
input type＝submit	创建一个按钮,该按钮单击后将提交表单
input type＝text	创建一个单行的文本输入控件
ins	指定被插入到文档中的文本
isIndex	使浏览器显示一个对话框,提示用户输入单行文本
kbd	以固定字体渲染文本
label	为页面上的其他元素指定标签
legend	在 fieldSet 对象绘制的方框内插入一个标题
li	列表中的一个项目
link	允许当前文档和外部文档之间建立连接
listing	以固定字体渲染文本
map	包含客户端图像映射的坐标数据
marquee	创建一个滚动的文本字幕
menu	定义一个菜单控件
meta	向服务器和客户端传达关于文档的隐藏信息

标　记	说　明
noBR	不换行渲染文本
noFrames	包含对于那些不支持 FRAMESET 元素的浏览器使用的 HTML
noScript	指定要在不支持脚本的浏览器显示的 HTML
object	向 HTML 页面中插入对象
ol	绘制文本的编号列表
optGroup	允许作者对 SELECT 元素中的选项进行逻辑分组
option	引起 SELECT 元素中的一个选项
p	引起一段
param	设置 APPLET、EMBED 或 OBJECT 元素的属性初始值
plainText	以固定宽度字体渲染文本，不处理标签
pre	保留源文件中的文本格式
q	分离文本中的引语
rt	指明 RUBY 元素的注音文本
ruby	指明要放置在文本串之上或内嵌的注解或发音指南
s	以删除线字体渲染文本
samp	指定代码范例
script	指定由脚本引擎解释的脚本
select	引起列表框或下拉框
small	指定内含文本要以比当前字体稍小的字体显示
span	指定内嵌文本容器
strike	以删除线字体渲染文本
strong	以粗体渲染文本
style	指定页面的样式表
sub	指定内含文本要以下标的形式显示，通常比当前字体稍小
sup	指定内含文本要以上标的形式显示，通常比当前字体稍小
table	指定所含内容要组织成行列的表格
tBody	指明行作为表格主体
td	指定表格中的单元格
textArea	指定多行文本输入控件
tFoot	指明行作为表尾
th	指定标题列。标题列将在单元格中居中并以粗体显示
tHead	指明行作为表头
title	包含文档的标题
tr	指定表格中的一行
tt	以固定宽度字体渲染文本
u	带下划线渲染文本
ul	绘制无序的项目符号列表
var	定义编程变量。通常以斜体渲染
wbr	向一块 NOBR 文本中插入软换行
xml	在 HTML 页面上定义一个 XML 数据源
xmp	以固定宽度字体渲染作为示例的字体

215

参 考 文 献

[1] 薛欣. Adobe Dreamweaver 标准培训教材. 北京：人民邮电出版社,2008.

[2] 李远. 网页制作. 北京：机械工业出版社,2009.

[3] 曾顺. 精通 CSS＋Div 网页样式与布局. 北京：人民邮电出版社,2007.